与自己和解，就是接纳自己，
找到属于自己内心的平静和喜悦。

与自己和解

做自己的心灵疗愈师

墨 非◎编著

中国华侨出版社

·北京·

图书在版编目（CIP）数据

与自己和解：做自己的心灵疗愈师／墨非编著. –
北京：中国华侨出版社，2018.5（2025.7 重印）
　　ISBN 978-7-5113-7645-9

Ⅰ. ①与… Ⅱ. ①墨… Ⅲ. ①人生哲学–通俗读物
Ⅳ. ①B821–49

中国版本图书馆 CIP 数据核字（2018）第 060531 号

与自己和解：做自己的心灵疗愈师

编　　著：墨　非
责任编辑：姜薇薇
装帧设计：环球设计
经　　销：新华书店
开　　本：710 毫米×1000 毫米　1/16　印张 /17.5　　字数 /284 千字
印　　刷：环球东方（北京）印务有限公司印刷厂
版　　次：2018 年 9 月第 1 版
印　　次：2025 年 7 月第 2 次印刷
书　　号：ISBN 978-7-5113-7645-9
定　　价：39.80 元

中国华侨出版社　北京市朝阳区西坝河东里 77 号楼底商 5 号　邮编：100028
发行部：(010) 64443051　　　　　传　真：(010) 64439708

如果发现印装质量问题，影响阅读，请与印刷厂联系调换。

前言

在现实生活中，我们越来越关注和在乎自己的身体健康，而其实，我们的心灵像身体一样也是需要时时关照、内省和修炼的。关照自我的心灵，其中最重要的就是通过自我觉察、内省的过程，真诚地面对自己的需求，以从根本上解决内心的冲突，最终达到与自我的和解。

与自我进行和解是一件极为重要的事情，自我若不能得到和解，那么我们周围所有美好的事情都会遭殃，而你自身的内在能量也会被你的负面情绪或消极状态不断消耗。与自我和解，并非一件复杂的事，我们切勿将之看成是一种负担，你要做的首先就是接纳和原谅自己。承认自身存在的缺点或短处，并欣然地容纳它们，不为此而感到自卑或消极；同时原谅曾经无所作为的自己，原谅自己心中丑陋不堪的一面，原谅且接受存在缺点的自己。

其次，就是懂得屈服于现实，即切勿去关注事情是如何发生的，而是接受这件事情已经发生的事实，去看如何面对。再次，在生活中时时去审视自己的思想，即不要以为自己在想什么就应该去做什么，而应该回过头来看一看，这样的想法是否合理，然后客观地看待自己的思想。最后，就是懂得控制自己的情绪，别去通过抱怨、发脾气等方式故意地渲染。比如你丢了一件物件，东西丢了就是丢了，别总是扯到自己为何如此倒霉、为何总丢东西之类的命题上去。

其实，与自己和解，就是时刻关注内在的自我，将专注力放于"当下"，不畏惧未来，不念叨过去。比如你为了生计问题而不得已去工作，这时的你别总是将注意力放在每个月的工资上面，而是专注于手中的工作。当你用心工作时，会发现工作中也隐藏着一些十分有趣的东西，还有一些可以积累的知识和经验，用这样的心态去工作，效率自然会高许多，成效也会高出许多，工资也自然会涨得更快。

总之，与自己和解是表层的自我与内在的自我互动的过程，这个过程能让我们获得内在能量，当负面情绪袭来的时候，能让我们与它们温柔地相处，使自己的心灵免受煎熬之苦。本书是一本让你获得内在力量的品质之作，书中的文字像针，能戳破你心上的脓血，让毒素流出。同时它又像一颗温柔的种子，为你的心灵种下平静，在急急忙忙的世界里不慌张，与负能量平和地相处。富有哲理性的语言感悟再加上富有哲理的小故事，能让你在充满喧嚣的尘世纷杂中，领悟到生命的真谛，体味到与内在自我心灵对话的畅快，从而切实地感受到充斥于我们周围的幸福和欢愉！

目 录

1

第五章　不念过去，不畏将来：全然地活在"当下"

——舍弃空念，梦里忧欢终枉然

第六章　你所有的问题，都是因为不够爱自己

——当你开始爱自己，全世界都会来爱你

第九章　没有命中注定的不幸，只有不肯放手的执着

——要想被爱滋养，须懂得与冲突握手言和

第十章　学会平衡情绪，治愈你的内在痛苦

——找寻良方，为负能量找一个出口

第一章 | 与自己和解，要懂得悦纳自己

——别为难自己，人生活得几清明

胡因梦说过这样一句话，修禅打坐就是和自己的心灵和解，养生、运动是要跟自己的身体和解。不能讲需要和解，一个人若不跟自己和解，就肯定没有好日子过。痛苦越大跟自己和解的动力也就越强。

与自己和解，就是要懂得接纳自己，不为难和委屈自己，听从自己内心的声音。这里当然不是说为了自己可以不顾全世界的感受，而是说，一些不必要的关注会给自己带来太多的束缚，反而会让自己活得不自在。一个最简单的事例，就是生活中，别人惹怒了我们，一般人都会觉得这是别人的错。其实，真正激怒你的是你易怒的心，你若对他人的行为置之不理，不让其行为激怒你的内心，那么你也不会发怒。如果我们能够时刻关照自己的内心，不困于执念，不因为外界的人或事而去为难与委屈自己，那么，外界的一切便不会侵扰到你，烦恼和痛苦便不复存在了。

你内心的状态，决定了你世界的样子

同样一个生存环境，不同的人会有不同的感受，或者在同一环境中生活，同一个人在不同时段也会有不同的感受，这主要是由人不同的心态造成的。也就是说，我们内心的状态，决定了自己世界的样子。

莫妮卡是美国一位军人的妻子，最近总被烦恼和痛苦所缠绕，神色极为憔悴。当下的生活对于她来说简直就是一种煎熬。她随着丈夫从军，而丈夫的部队驻扎在沙漠地带，住的是铁皮房，而且与周围的印第安人、墨西哥人语言也不通；当地的气温高达45℃以上，丈夫奉命上前线了，周围除了仙人掌外，再无任何东西。孤独、郁闷每天都伴随着她，使她愁眉不展，度日如年，其内心的痛苦无以言表。

无奈之下，她便给父亲写信，希望回家去。她打开盼望许久的回信，信的内容让她大失所望。父亲没有安慰她，也没有让她回家，信中只写了简短的几句话："两个人同时从监狱的窗户向外看，一个看到的是泥土，而另一个看到的却是星星。"

她开始失望至极，还有几分生气。后来，她终于从父亲的话中找到了自己的问题：她过去总是会习惯性地低头看，结果只是看到了泥土。但自己为何不学着抬头看呢？抬头看，就能看到天上的星星！而我们生活中一定不是泥土，一定会有星星！自己为何不抬头去寻找星星，欣赏星星，享受星星带给自己的灿烂的美好呢？

她终于想开了，也开始那么去做了。她开始主动与周围的印第安人、墨西哥人交朋友，结果使她惊喜万分，因为她发现他们都是如此地热情好客，慢慢地她与他们变成了好朋友，他们还送给她许多珍贵的陶

2

器与纺织品作为礼物。她开始研究沙漠中的仙人掌，一边研究，一边做笔记，没想到那些仙人掌是如此地千姿百态，令人着迷。在如此残酷的条件下，仙人掌竟然能够茁壮地成长，这种精神使她动容。她开始欣赏沙漠的日出日落，感受沙漠的海市蜃楼，享受着新生活给她带来的一切。她开始仰头看星星，感受星空的灿烂。令人惊讶的是，她发现自己生活中的一切都改变了，变得使她每一天都仿佛沐浴在春光之中，每天都仿佛置身于欢笑之中。后来，她回到美国，根据自己的心理演变历程，写了一本书名为《快乐的城堡》，引起了极大的轰动。

其实，莫妮卡周围生活的环境没有改变：沙漠、铁皮房、印第安人、墨西哥人、仙人掌，以及头顶的星空，都是原来的样子，但其前后的行为与心情却发生了极大的改变，这是因为她的心态变好了：过去她总是习惯性地选择看泥土，选择事物消极的一面。而后来她则习惯性地找星星，选择事物积极的一面。这个故事也说明，你内心的状态，决定了你世界的样子。你若内心善良，就会觉得这个世界上好人占多数；你空虚，就会专门挑别人的缺点来对比自己的优点，从而从中找寻优越感；你忌妒，就会希望你所关注的那个人处处不如你，这样，你才能找到安慰；你羡慕，就会去努力改变自己，会想去成为跟对方同样优秀的人……所以，当你觉得自己的生活一团糟的时候，与其从外界寻求慰藉，不如去审视自己的内心，调节内心的状态。

凡事都有迹可循，你内心积压的负面情绪越多，眼前的生活越是布满阴霾，如尘烟遮眼，无法看出世事的真面目，于是也就只能在痛苦和烦恼中挣扎，与自己过不去。

你内心的状态直通你的眼睛，直接决定你对周围世事的态度和看法。你若颓废消极，周围的世界也会凌乱不堪；你若积极乐观，你周围的一切也会呈现出蓬勃向上的活力。心决定一切！当心情放松的时候，

3

你身体内的每一个气脉、每一个生理反应自然就会和谐。对于那些内心强大者来说，一切都影响不了他们，他们完全可以掌控自我的情绪和生存状态。可生活中，有太多的人不明白这个道理，他们总将所有的一切都寄托于对外在物欲的追求上，觉得这些是人生快乐之源，而从未去观察过自己内心的状态。他们为了获得更多，任由欲望疯长，致使委屈了自己的内心。幸福和快乐是人生追求的终极目标，为了满足外在的物欲而委屈了自己的内心，实在是本末倒置的愚蠢做法。

不了解自己的人，总是跟自己过不去

要与自我和解，第一步就是要了解自己。这里所说的了解自己，就是对自己的所思所感所为有着足够的觉察和理解。一般人可能会说，我很了解我自己呀，其实你说的"了解自己"，只是了解自己意识层面的想法、感受和行为。事实上，意识层面的了解只是关于"自我"的极小的一个方面，就是真正明白自己想要的是什么，想拥有什么样的生活或状态，然后依自己深层次的意念去做，而不是为了外界的种种压力或看法去委屈自己，最终跟自己过不去。

玛丽本是个崇尚独立自由的女性，渴望活出属于自我的精彩。在未步入婚姻之前，她是个快乐且单纯的女孩，是一家知名企业的注册会计师，并且非常喜欢自己的工作。

可是在她 28 岁的时候，意外地遇到了杰瑞，那个让她为之疯狂的男人。很快，她坠入爱河，与杰瑞结婚、生子。杰瑞是一个画家，当时的他有一个独立的工作室，事业刚刚起步。为了支持丈夫，玛丽无奈之下辞去了工作，承担起了操持家务的责任。但是 4 年过去了，她的生活变得一团糟，丈夫的工作室因经营不善，濒临倒闭的边缘。因为生意上的不顺，丈夫开始酗酒，总是彻夜不归，同时对她也越发地冷淡，对她在经营工作室方面提出的意见或建议开始熟视无睹。同时，3岁半的儿子越来越不听从她的管教，总是与她唱反调。因为长期不与外界接触，玛丽逐渐放弃了装扮自己，如今变得身材臃肿、面色枯黄、蓬头垢面，每天时不时地会对着调皮的儿子和不听劝的丈夫大吼大叫，俨然一副"泼妇"样。

　　这时的玛丽才意识到，这根本不是她所想要的生活。这几年，她彻底失去了自我，总是替别人着想，总是千方百计让丈夫、儿子高兴，而让自己委曲求全。面对一团糟的生活，她时常感到痛苦和压抑，甚至曾一度患上了抑郁症。

　　对于玛丽来说，她显然十分了解自己的价值观，那就是要做一个独立自主的女性。但是在婚后，她却为了丈夫和孩子放弃了自己内心真正的追求。她为了支持丈夫的事业，辞去了工作。可最终，当丈夫事业失败、孩子不听话，自己也形象尽毁时，玛丽便开始后悔自己当初的选择，便开始跟自己过不去。

　　其实，很多人之所以会因为这样或那样的事纠结、痛苦，跟自己过不去，实际上都遇到了与玛丽相似的经历。从心理层面去分析，玛丽肯放弃自己去全力照顾家庭，是因为其内心深处，总有一个声音在告诉她，如果不这么做，她将难以得到爱人杰瑞的认可与家庭的接纳，这是很深层面的意念，她无法看到这个意念的限制以及打破它的可能性。如果深察内心，她则能够看到这个意念，并且觉得这个牢固的意念是可以打破的，即"即使我不回归家庭，在职场上发挥才能，家人也许会生活得更好。如果这么去做，丈夫和孩子会更喜欢自己。"那么，玛丽的生活就不会如现在这般糟糕，她不会如此痛苦和压抑，这般与自己过不去。

一个人若缺乏必要的自我觉察力，便常常会成为自己痛苦的制造者而一无所知。就像是一个被预先设定好程序的机器人一般，固定的按钮一旦被外界的人或者事所碰触，就会痛苦大爆发。相反，一个人若有了自我觉察力，就等于拥有了一个空间，成为自我意识、理念、情绪的觉察者，成为一个容纳这些过程发生的安全空间。

自我觉察发生的同时，也就是自我接纳的开始。就像上述事例中的玛丽一般，当她觉察到对自己的忽视，而开始接受自己时，也就意味着她可以有一个内在空间给自己，一个人只有开始爱自己，照顾好自己，才会真正有能力去照顾别人，爱别人，否则，只能是自欺欺人而已，结果一定是痛苦的。水满自溢就是这个道理。

生活中，绝大多数人对待自己，都处于一种分裂状态，只欢迎和接受那个好的自己，不要那个不好的自己。如果你静下心仔细分析，那所谓不好的自己，其实是因为被各种负面意念所禁锢的自己，比如"我是一个能力弱的人，什么都干不好；我长相不好，不配得到别人的爱；我是一个弱小者，我没办法去关心别人……"当这些负面意识根植于无意识深处，如果你无法觉察到"我究竟是谁，我是怎样的人"这些更深层次的问题，不去觉察你意识中的荒谬和虚假，那么，这些信念就会一直统治和占据着你的思维，从而拼命去追求一个更好的自己，用以抵抗这些令你痛苦和不堪承受的自己。于是，你的生命就会变成一场对抗战，极力要将那些坏的感受排斥掉，分裂掉，投射到别人的身上，就成为所有奋斗和努力追求一个理想自我的全部动力。这一切都需要足够的自我觉察。

有了很好的自我觉察力，就会很自然地放弃那些限制生命发展的种种不合理或负面的意识，不再把主要关注力放在一个"假我"的塑造上，而是能够将自己的创造力从自我压抑的状态下解放出来，让真正的自己活出来，从而获得真正的安全感和自信心，创造更为真实和美好的人生。

因果定理：播种什么意念，便收获什么心情

因果定理是宇宙最根本的定理之一，即指世界上没有一件事情是偶然发生的，每一件事情的发生必有其原因，你种下什么样的"因"，就会收获什么样的"果"，人的心情当然也遵循这一定理。人是有思想的，所以会不断地"种因"。至于种"良因"还是"恶因"全由自己决定。所以，要使自己活得不纠结、不拧巴，首先要注意和明了自己的每一个想法会引起什么样的后果，懂得时时审视自己，审视自己的内心。

从前，有个极其残忍的国王，经常草菅人命，甚至在每次处决死刑犯时，他都会将之视为一种刺激和娱乐，想要不断地尝试更新奇的花样。

一次，有位死囚犯被告知，因为他犯下了滔天罪行，国王要用极刑来处死他，行刑的方式便是在他的手臂上割一个5厘米大的伤口，让血一滴一滴地慢慢流，直到鲜血流尽为止。

犯人听了惊恐不已，要眼睁睁地看着自己的鲜血流尽，这简直比五马分尸还要残忍。尽管犯人百般哀求，但国王却无动于衷。

第二天一大早，这名犯人被五花大绑带到一个小房间中，牢牢地锁在一面墙壁上。墙上有个刚好可以伸进一条手臂的小孔，刽子手将他的一只手从孔中穿到墙的另一面，让犯人看不到自己的手。

接着，犯人感到一阵灼热的疼痛，刽子手在他的手臂上割开一个

洞，并且在地上放了一个器皿来盛血。

"滴答……滴答……"鲜血一滴滴地滴进器皿中，四周安静无声。墙壁这边的犯人听着自己的血滴进器皿中的声音，一会儿就感觉像是过了一个世纪那么漫长。他觉得自己全身的血液都在朝着那只手臂涌去，像瀑布一般，越来越快地流进器皿中。

不一会儿，他感到身体越来越冷，意志力也随着鲜血消逝了；他手脚发软，整个人都瘫了。挣扎了几下就死了。

而在墙的那一边，他手上的那个小伤口早就不流血了。刽子手在靠近墙壁的桌子上面放着一个水瓶，那些"滴答滴答"的声音其实是水瓶中的水通过漏斗滴进器皿里的声音。

在这里，国王用的就是"心理暗示"，让犯人自己杀死自己。

这个犯人与其说是被国王用"心理暗示"杀死的，不如说他是被自己在心中种下的"意念"结束了自己的性命。心理学上指出，人的行为完全是受意念掌控的。比如，你经常嘲笑别人，是因为你觉得嘲笑可以击碎自己的不自信；你总是咄咄逼人，是因为你害怕自己变得孱弱；你随大溜或怒或悲，是因为你觉得随大溜可以获得安全感……而这一切的一切，都暴露了你的心虚、不自信，你无法接纳和掌控自己的事实。所以，要想让自己获得幸福和快乐，我们要善于在心中种下"积极"因子，然后才能收获"好果"。比如，当你工作不顺心时，可以自我安慰道："我还有快乐幸福的家，有什么理由不开心呢？"与朋友发生了不愉快，郁郁寡欢时，你可以安慰自己道："朋友一时不理解自己是正常的，一段时间后，他一定会想明白的。"生活中遭遇了不测，你可以安慰自己道："不顺也是生活的一部分，与其为此难过，不如去想想那些曾经的美好！"正如俄国作家契诃夫所说的那样：要是火柴在你口袋里燃烧起来了，那你应该高兴，而且还要感谢上苍，多亏你的口袋不是火药库。要是你的手指扎了一根刺，那你应该高兴。挺好，多亏这根刺不是扎在眼睛里。

多数人愁苦的根源：太执着于"我"

很多人在生活或工作中难以感受到幸福，品尝到甜蜜，就在于其心中永远装着一个"我"，为了满足"我"的精神需求和物质需求，最终将自己拖入永久的愁苦中。

一个8岁的小男孩，和离异的妈妈一起生活了很多年。日子虽然过得紧紧巴巴，但是无私的母爱却让他的童年生活充满了快乐。

一天，他放学回家，看到一位陌生男子——那是别人给妈妈介绍的对象。男孩看到他，扭头就往外跑。从此之后，他就变得郁郁寡欢，有时候甚至还为此事与妈妈大吵大闹，说："你是我的妈妈，你的世界里只能有我，你爱别人不能超过爱我。"

妈妈语重心长地告诉他："我是你的妈妈，但我也是我自己的啊。"

生活中，我们之所以不快乐，主要在于太过执着于"我"字：孩子说，这是"我的"玩具，其他人不能随便玩；学生说，这是"我的"老师，不允许他特别地欣赏别人，一定要欣赏我；朋友说，你是"我的"朋友，一定要对我够义气，讲信用；家长说，这是"我的"孩子，一定要听我的话。同样，在感情世界中，许多人之所以享受不到爱情的甜蜜，也主要源于太执着于"自我"：你是"我的"男（女）人，你要一切都听命于我；你是"我的"老公（老婆），不允许任何一个异性去惦记；你是"我的"爱人，你一辈子只能对我好……我们的一切行为和思想，都是紧紧围绕满足"自我"需求而展开，于是也经常会以

"我的"名义去要求你的爱人，甚至是控制对方，那么忌妒、仇恨、贪婪、背叛、吵闹、纠纷乃至战争自然就开始了。

我们因为太过执着于"我"，所以便会去控制他人，或会让他人的行为要遵从自己的意念。但没有人喜欢被控制，被他人所限制，于是，矛盾和不愉快便会产生了。要知道，你身边的朋友、老师、父母也好，爱人也罢，他们在社会属性上是属于你的，但在生物属性上，他们首先是属于他们自己的，你的各种强制性的行为，会让人在失去"自我"的同时，对你产生排斥感。所以，要想获得和谐的人际关系，首先要在意识中丢掉"我"的执念，将你身边的每个人都看成是一个独立的个体，尊重他的一切行为和做法，在给对方充足空间的同时，也能赢得他人的尊重。

今年35岁的刘茵是个普通的女人，她的丈夫张俊是一家集团公司的总裁，拥有上千万资产，而且长相帅气，知识渊博，为人风趣幽默，再加上他事业越做越大，周围自然有很多女人围着他转。经常会有漂亮的女人给他发暧昧短信，甚至有女人直截了当向他表白。然而，刘茵却从来不害怕失去丈夫，反倒是丈夫张俊变得唯恐失去她，费尽心机地讨好她，这背后究竟有着怎样的故事呢？

大多数女人在丈夫长年不在家，又疏于跟她联系时，便会感到寂寞、孤独，而刘茵却把自己一个人的生活打理得有声有色。

她一个人在家时，就会安静地看书，有时会流连美味的餐厅，也会在路边咖啡厅静坐良久，看街上的人来人往。

刘茵有许多男性朋友，有企业家、社会名流、文化精英，她经常与这些男性朋友喝茶聊天，增长见识和智慧。

另外，在闲暇时间，刘茵还经常一个人背着包，去很远的地方旅游。人生地不熟，语言不通，都不是问题！旅行大大增长了她的见识和智慧。

很多人曾问刘茵："你难道不害怕有一天你的男人会被别的女人抢走吗？"她答道："他从来就不是'我的'，他是他自己的。如果他能永远爱我，我当然会高兴；如果有一天，他要跟我离婚，我也应该高兴，因为我不会同一个不爱我的人生活在一起。"

一次，有一位漂亮的女人直接向刘茵发起了挑战，她打电话给刘茵说："我爱上了你的丈夫。"别的女人听到这话可能会气得咬牙切齿，刘茵却笑着说："谢谢你欣赏我的男人。"当张俊回来时，刘茵直奔上去，搂着他的脖子说："老公你太棒了，刚才有个女人打电话来说爱上你了。"她压根儿就没把这件事情当一回事儿。

几年过去了，刘茵和张俊结婚已经12年了，他们依然恩爱如初。许多女人都羡慕刘茵，说她找到了一个好男人。而刘茵则毫不谦虚地说，是张俊运气好，能娶到她这样的优秀女人。大多数女人结婚是为了找个男人来依附，使自己的人生更完整。而刘茵却说，婚姻的目的并不是找一个能令我完整的男人，而是找一个可以与他分享我的完整的男人。

故事中的刘茵是智慧的，她的婚姻之所以能长久地维持和谐，最主要的原因是她从不把老公当老公看，不认为老公是"我的"，总是以欣赏的眼光去对待对方，同时，在独处的时候也能经营好自己，最终才获得了对方的尊重和爱恋。

生活中，多数人与周围亲近的人交往时，都觉得对方的某一方面是独属于自己的，不可侵犯的。只要被他人惦记上，便觉得自己的尊严受到了侵犯，然后发生矛盾、摩擦，最终伤了和气与和谐。事实上，任何一种社会关系，一旦我们觉得谁属于我们，就很容易失去对对方的尊重和礼貌。随之而来的反应就是去告诉他，他应该做些什么，应该如何去生活。更有甚者，他们会认为对方就应该听从他的指使。这样的关系，都不会持续得太过长久，因为没有谁喜欢被控制。所以，在人际交往或家庭中，将他人看成是一个独立的个体，懂得去尊重他们的行为和选择，也等于是与自己和解。

时时去擦拭心灵的"尘埃"

一位心理学家曾指出，多数在社会上游历的人，都会经历三重境界：看山是山，看水是水；看山不是山，看水不是水；看山是山，看水是水。具体的意思是说，一个人出生时原本是纯洁无瑕的，初识世界，一切都是新鲜的，眼睛看什么就是什么，人家告诉他这是山，他便认识了山，告诉他是水，也就认识了水。然而，随着年龄的增长，随着世事的不断侵扰，又会发现世界并非那么简单，心中会覆上一层厚厚的尘埃：对周围的一切都充满了疑虑和警惕。山自然不再是单纯的山，水自然也不是单纯的水。一切的一切都是个人主观意志的载体，总会将简单的事情复杂化，将本身纯净的事物想得很"肮脏"。随着年龄的增长，人的修为达到更高一层的境界后，便又看山是山，看水是水了。当然，要达到第三重境界，需要极高的修为。

我们生活中的许多烦恼，都是人处在"看山不是山，看水不是水"的状态和心理禁锢中的。很多时候，我们单从别人简单的一句话，便能得知对方"暗藏的心机"，会从别人极为单纯的眼睛中猜测他是否心怀好意，会从别人一个极简单的动作去猜测他人的"潜藏的心思"……我们的想象力总是太过丰富，脑袋也是太过聪明了，再也看不到山的青翠、水的清澈。如此一来，我们内心何尝会不累呢？在诸多的猜测、怀疑、纠结中，就是与自己过不去。

一天，一位妇人在阳台上晾衣服的时候，转眼就看到邻居晾着的衣服中有一大块黑色的污垢，她就想："这家人怎么搞的啊，衣服都洗不干净，这家女主人要么是极不讲卫生的人，要么她现在心情很糟糕，说不定夫妇俩最近感情不和，说不定正在闹离婚呢！"

第二天，这位妇人再一次发现邻居晾着的衣服中又有了一块污垢，她就想："真是无可救药了，怎么会有这样的一家人啊！"

每天，她在晾衣服的时候都会发现类似的情况。

这一天，她终于无法忍受了，就对丈夫抱怨说："对面那家人怎么搞的，衣服怎么没洗干净就晾起来了！"

丈夫听了很是奇怪，就来到了阳台边，顺着妇女手指的方向望去。果然，对方阳台上晾着的衣服上有很大的一块脏东西，在阳光下很是显眼。这个时候，一阵风吹过来，衣服就开始摇摇晃晃，在风中不停地飘动着，丈夫才发现那衣服与"污垢"很是不对称。他就走到窗户旁边，拿起洁净的抹布向玻璃窗擦拭了一下子，又使劲地向它哈了一口气。

"这下不就干净了吗？"丈夫笑着对她说道。

那衣服在阳光下摇摆飘逸着，是如此的雪白无瑕，没有任何的污垢。

最终，妇人也哑口无言，原来是自家的窗户脏了。

这个故事告诉我们，很多时候，我们看到的外面世界并不如我们想的那么不干净，而是你心灵中布满了"污垢"。当你真正擦亮自己的内心再去观察这个世界时，一切都会呈现出美好来。

生活有其原本的面貌，面对一切世事，只有以一个平和的心态去面对，多信任和理解别人，烦恼也就不会存在了，因为很多事情本身就是生活原本的状态。只要你勤于擦拭内心的窗户，你看到的一切都会是清澈明亮的，这也是与自己和解的一种方法。

除了你自己，没有人能使你不快乐

生活中，很多人认为自己的不快乐都是外界或别人造成的，比如与人争吵后愤怒、气不打一处来，觉得自己的不良情绪完全是对方带来的。工作中遇到不公平，感到气愤难耐，觉得这是公司不健全的制度或环境所造成的。孩子不听话，你便为此感到郁郁不快，觉得这是孩子带给你的……其实，你为此所感到的所有不快，都是我们自己内心发生的事。你若对外界的一切置之一旁，不予理睬，它们就不会作用于你的内心。也就是说，这个世界上，除了你自己，没有人能够使你不快乐，你的所有的负面情绪，都只与自己有关，与外界的一切都毫无关系。

艾布尔是纽约一家保险公司的业务员，事业上春风得意的他，对自己的婚姻却十分不满。尤其是近一年多的时间里，艾布尔感到妻子艾伦脾气越来越恶劣，而且一天比一天不性感；不只对他表现出冷淡的态度，而且对他们的儿子也漠不关心。艾布尔看她每天都郁郁寡欢的，建议她去看心理医生，却遭到了她的拒绝。她坚持只要丈夫艾布尔能对她好一点儿，满足她的各种需求，她就不会这么沮丧和愤怒。事实上，艾布尔对她已经做得够多，但妻子似乎对他还不满意。他决定不再忍受妻子的蛮横，并且坚持地认为妻子是家庭不和谐的根源之一，并要求与妻子离婚！

是谁导致了艾布尔婚姻的不幸？是他的妻子吗？显然不是。在情绪产生的问题上，虽然外因很多时候是不良情绪的诱发者，但心理学却不这么认为。无论别人的态度与行为如何，自己的情绪，皆因自己而起，自己才是自身情绪与不幸的根源。从艾布尔的事例上来说，妻子的确要为他的愤怒、沮丧负责任，但他却不能将问题的根由归咎于她。身为丈夫，他不能要求对方一定要按照自己的意愿去行事，对方有权支配自己的情绪，使自己对他人表现出冷漠。如果艾布尔这样去分析问题，便会说服自己放弃愤怒与沮丧，在心平气和的状态下积极寻求解决问题的途径。

自身情绪障碍是由自身的思维、信念所引起的，没有人使你不快乐，除非你自己愿意。所以，自己才是自身情绪的制造者。但与此同时，自己也是自身情绪的主宰者，你具有调节自身情绪、避免陷入不必要的情绪困扰、掌控与运用自身情绪的能力，这种能力叫作情商。一个高情商者，可以清楚地体察到自己的情绪，并懂得适时控制或调节，同时也能体察到他人的情绪，然后采取相应的应对方式，从而与他们维护良好的人际关系。这样的人，是自我的主人，能主宰和支配自己的情绪，不会随意因外在的事与物而使情绪失控。

一天，老子经过一个村庄，村庄里突然跑出来一群人想让他留下来。老子说："谢谢你们的邀请，不过我已与对面村庄的人约好了，他们现在正在等我，我现在必须赶过去。不过，等明天回来后我会到此地来拜访的。"

见老子不领情，人群中突然出来几个小人，口吐污秽之语。而老子听罢，依然不动声色地向前赶路。其中一个人说："我们苦苦挽留，你却不应声。又将你贬得一无是处，你为何不动怒呢？"

老子说："对于你们的行为，若放在十年前，我一定会愤怒、生气，可如今我内心平静如水，已经完全不会被外在的任何事与物所控制，我完全是自己的主人。所以，无论外界发生什么，我都不会跟随他人去做出什么反应！"

老子不为外在任何的物与事所困扰、左右，所以在任何时候，他的世界都是一片安宁的。也就是说，当外界的不公、嘲笑、讽刺甚至是谩骂等一切都左右不了你的心时，那你的世界就会是平和、平静的，那时的你也会是无敌的。

心理学中认为，外界的事与物只有经过你内心的"作用"，才能真正地左右你。也就是说，外界无论发生什么，若根本走不进你的内心，那么也就无法真正左右你了。由此可得出这样的结论：无论在任何时候，愉悦的根基在自己身上，这个世界上，除了你自己没有人或事能使你不快乐。所以，生活中，当我们遇到烦恼时，与其去抱怨环境、埋怨他人，不如去审视自己的内心，调整自我的状态，学着与自己和解。比如，你不妨去看一场电影，不妨去听一段音乐，不妨去唱一支歌曲，不妨去打一个电话，不妨去享受一下阳光……要知道，为他人他事生气，是一种惩罚自己的行为。

另外，生活中，我们也不要将人生的愉悦寄托在外界的事物上，依附于世俗的认同上，看中地位、财产，以及待遇、名誉等东西，若如此，你一旦失去这些，便会沉浸于痛苦中，其幸福与快乐的根基也随之被毁灭。

与自己和解，就是停止与自己较劲儿

生活中，我们时常感到烦恼或痛苦，就是思维或行为被社会的价值体系所束缚，脑袋里总是装着太多的"应该"与"不应该"：为了不被时代淘汰，应该多学习，才能长进；与人相处，总想着应为别人着想，才能赢得对方的认可；为了维持婚姻的和谐，想着应该委曲求全，方能令所有人满意……为这些，我们不得不强迫自己做不合适或不情愿做的事情，致使自己的生活变得越来越拧巴，不停地与自己较劲儿。

丽莎是个沉默内向的女孩，跟陌生人一说话就脸红，而且说话的声音也极小，但她却是个野心勃勃的女孩。

大学毕业后，不甘平庸的丽莎开始准备创业。她本来学的是金融专业，在证券公司做职员也符合她细致沉稳的个性。但看着周围的朋友都在跑保险，丽莎有些沉不住气了，开始跃跃欲试。她满怀信心地对朋友艾丽丝说："我就是想挑战自己，我知道自己不善言辞，卖保险可以跟更多的人交流，需要较好的沟通能力。我这样做就是为了锻炼自己，我不相信自己会比别人做得差。在学校的时候，我曾看到一个故事，说的是一个演讲家，小时候口吃，后来他嘴里含着石子锻炼，终于成了不起的演讲家。我一不口吃，二不笨，怎么会做不好呢？"自小就倔强的丽莎，下定了决心要尝试一下自己不擅长的工作。

原本以为，经过一段时间的锻炼，丽莎一定可以战胜自己的弱点，为自己的人生赢得第一声喝彩。谁知一段时间后，当艾丽丝再次见到她后，还未来得及问清楚情况，丽莎便"哇"地哭了起来。原来，丽莎在卖保险过程中遇到了太多的困难和尴尬。她曾尝试跟别人介绍保险，但因为性格内向，不善交际沟通，她的人脉资源也不够丰富，于是就通过同学介绍，接触到了不少的陌生人。虽然她做了不少准备，但经常会遭到冷漠的拒绝，有时候甚至还能遭到讽刺。尝试了一段时间，不仅没有丝毫进步，反而大大地挫伤了她的自信心。她沮丧地对艾丽丝说："我觉得自己真是太糟糕了，笨嘴拙舌，什么都做不好！"看着丽莎难过且憔悴的样子，艾丽丝很是心疼。

多数人在生活中，都曾有过类似于丽莎这样的经历。你周围的人总在说，要学会挑战自我，赢得更精彩的人生。在这种主流思想的影响下，我们觉得应该去挑战一下自我，结果把生活搞得很拧巴。其实，很多时候，人生不是用来挑战的，而是用来妥善对待的。就如丽莎一般，跟自己的弱点较劲儿，将自己弄得狼狈不堪，最终却没能战胜自我，反而落得丢盔弃甲，落荒而逃。有人可能会说，你不尝试怎么知道你的潜力有多大，但你的弱点你该最清楚，拿自己的弱点与现实相对抗，无异于以卵击石。

实际上，人生最智慧的做法不是打着"挑战自我"的旗号跟自己的弱点较劲儿，而是善于规避弱点，发挥自己的长处。每个人的天赋都不尽相同，只要能最大限度地发挥自我的长处，就足以赢得成功，完全没必要拿自己的短处去跟别人的长处较量。同时，你也不必强迫自己做自己不想做的事情，比如你意识中觉得你该去考一个资格证，但你又不想付出努力，那就先允许自己将这个想法放下，没必要在"要不要去考证"中纠结、拧巴。当然，这里并不是说让人放弃上进、奋斗，而是让人在不开心的状态中寻求一种舒服的生活方式，让自己的身心处于一种和谐的状态。

坦然面对现实，努力前行

在一个访谈节目中，一个尚未成熟的孩子问起王朔，《我的千岁寒》究竟在讲什么？王朔坦然地说："这是一本悲观的书，是在极其悲观的心态下写出来的，家里没死过人的不要看，小孩不要看，没有经历过人生苦痛挣扎的，过得幸福的人不要看！"然后孩子继续问他："那你一定是在极其绝望的状态下写出来的了？为什么要绝望？"王朔继续回答："一个星期死三人，都是自己最亲近的，我能不绝望吗？再说了，在这之前，我总是写死亡，却从来不知道死亡就在我身边！我突然极其畏惧死亡！"

　　从中我们可以体味出王朔先生面对生活突如其来的变故所产生的极其悲凉、无奈的心情与那种彻骨的疼痛。其实，生活中，每个人都会遇到人生的"坎"，比如亲人突然离世，突然失业、家庭的变故或者是天灾人祸等，面对此，很多人会痛不欲生，悲伤难耐，觉得自己过不了那道"坎"。这个时候，我们要学会与自己和解，即学着去接纳这些变故，并懂得向现实低头，将这所有的一切看成是生命的一种必然或考验，时刻告诉自己，世上没有过不去的坎，以积极的态度去处理后面的事情，而不是让自己一味地沉浸于悲伤之中无法自拔。

　　伤痛犹如欢乐一般，都是人生必不可少的一部分。当伤痛袭来时，我们要学着去接纳已经发生的事实，然后再学着去体会悲伤、痛苦，以积极的态度去面对以后。要知道，你若一味地沉浸其中，纵使万箭穿心，痛不欲生，也仅仅是你一个人的事，别人也许会同情，也许会嗟叹，但永远不清楚你的伤口已经溃烂到何种境地。所以，我们凡事要看淡一些，心放开一些，一切都会慢慢地变好的。

　　约翰经营十几年的贸易公司因业务不住，资不抵债而宣告破产。从那之后，他原本开朗的性格就变得异常的怪异，心中充满愤怒，每天都会在朋友面前抱怨生活的不公。他的内心也变得异常地孤独，三年中，他没再出去工作过，与外界也不接触，脸上的表情总是硬邦邦的，几乎看不到一丝笑容。

　　有一天，约翰在路上走着，忽然看到一幢他之前非常喜欢的房子，房子的周围竖起了一道新的栅栏，那房子虽然很旧，但是院子却被主人打扫得干干净净，院子之中种着各种各样的花草，显得很和谐。约翰注意到里面有一个系着围裙，身材瘦小，弓腰驼背的老妇人在拔着杂草，修剪鲜花。约翰停了下来，长久地凝视着栅栏中的一切，看到那个弱小的妇人正准备用割草机修草坪。

"喂，您家的庭院，真是太美丽了！"约翰心中一激动，便挥动着手，冲着主人大声喊叫。那妇人也蹒跚着站起身，看着约翰。她微笑着，对他喊道："到门廊上坐一会儿吧！"

约翰便同妇人一同走上后门的台阶，那位妇人打开拉门，说道："这些年我都是独自一个人生活，没事的时候，我就打理我的庭院，经常会有人来我这里聊天，她们喜欢看到漂亮的事物。有些人看到这个栅栏后便会向我招手，几个像你这样的人甚至会进来坐在门廊上与我聊天。"

"但是最近听说前面这条路可能要扩宽了，你的庭院可能要被拆掉了，难道你不介意吗？"约翰问道。

"变化是生活中的一部分，也是铸造一个人性格的重要因素，当不喜欢的事情发生在你的身上，你要面临两个选择：要么痛苦愤怒，这样会让自己越来越痛苦，因为你不断地重复自己的痛苦，每重复一次，就会让自己再痛一次，久而久之，伤痛就会成为你生活中的一部分了；要么就振奋进步，用微笑和努力将痛苦掩埋，它就再也不会影响到你了。我知道，太阳每天都是新的，它从来不会因为你而改变什么，既然如此，不如选择后一种……"

听到此话，约翰的内心深处有了一种新的感受，觉得由愤怒筑建起来的心灵的坚硬的围墙轰然倒塌了……

太阳每天都是新的，与其被挫折和痛苦折磨，不如选择与自己和解，懂得接纳它们，将它们看成是人生的一部分，然后淡然地对待。事情既然已经发生了，就要懂得向现实低头，做到不抱怨、不怨恨，静静地让"不幸"从你人生中过去。

其实，人生没有过不去的坎，任何苦难，都会成为过往。人的承受能力，远远超乎我们的想象，不到关键时刻，我们很少能够明白自己的潜力有多大。

学会与负面情绪坦然相处

"什么样的人最有魅力！我越来越觉得，答案就是：内心有力量的人。什么叫'内心有力量'？就是遇到困难，碰上痛苦时，能够坦然地与自己的负面情绪相处。困难大家都有，痛苦每个人也不缺，只要你是人，这些都是不可避免的，但内心有力量的人则可以不受苦。"的确，负面情绪是人的一种正常的情绪波动反应，它跟生病一样，很多时候是不受主体控制的。当它袭来时，内心有力量的人，首先懂得接纳它，认识到它与愉悦的情绪一样，都是人正常的一种心理反应，然后用有效的方法将之排解，最终得以解脱，这也是与自我和解的一个过程。

有这么一位女孩，她总害怕别人取笑自己。其实她是一名成绩优秀的学生会干部，在学校一次联欢晚会上唱歌唱跑了调，引起台下同学哄堂大笑，她立即觉得脸面无光，感到极度羞辱，以后她再也不参加演出活动了。

就拿这个女孩来说，首先她需要确定心中害怕什么、担忧什么？对于已经存在的"恐惧"事件，与其逃避，不如正视它并改变它。观念上要明确，只有面对才能消除恐惧。在这一基础上，她才能有效地找到解决之道。

生活中，当负面情绪袭来时，一部分人会像上述事例中的女孩一般，采用逃避、不敢正视的方法去处理，结果使人状态越来越糟糕，也使人的潜能得以限制。还有绝大部分人，当感觉不好的时候，会一直想着要从这个泥潭中挣扎着逃出来。比如工作不顺心，情绪沮丧，晚上失眠，心里总想着"让它过去，让它过去"，如此下去，人变得更加焦虑，第二天心情也会变得更加沮丧。对此，心理学家指出，一个人若对负面情绪总是表现出抗拒、否定、压抑、排斥的态度，那么，人对这种负面情绪的感受会不断地加强。请记住：凡是你所抗拒的，都是会持续的。因为当你抗拒某一种情绪的时候，你就会聚集在那种情绪或者事情上面，这样就赋予了它更多的能量，它就变得更为强大了。

露的丈夫是在一场车祸中丧生的，她与丈夫刚结婚不久，两人感情很是甜蜜。当她得知这个消息时，悲痛欲绝的她完全没办法让自己平静下来。近半年来，每当想起死去的丈夫，无论她做什么，想什么，心都是刺痛的。她知道，要让自己摆脱痛苦，唯一的办法就是让自己忙碌起来。于是她将所有的精力都投入到工作中去，但是只要她一静下来，甚至只要走路停下来一会儿，那种哀伤就会袭上心来，令她无法招架。后来，露不再逃避，不再没事找事地瞎忙，当丧夫之痛袭来时，她让它涌上心头，看着悲痛一点点地走近自己，然后渐渐地消退，虽然想到仍旧会难过，但却能让她慢慢地平静下来。

最后，她终于战胜了自己，她已经可以不必再抗拒那种情绪，她明白最痛苦的那一段已经过去了，她想着属于自己的生活。

"我可以再次体会人生的快乐，那些痛苦已不是现在的事了。它只是我人生的一部分，而我人生其他的道路，还可以继续走下去。"这是走出伤痛后，她所说的第一句话，她的坚强让所有的人都肃然起敬。

面对负面情绪，越是逃避、抗拒，它对你造成的伤痛越强，而当你勇敢地去面对时，就像露一样，让它尽情地涌上心头，看着悲伤一点点地走近自己，然后渐渐地消退，最终让它成为过去，真正地与自己达成和解。

另外，学会与自己的负面情绪和谐相处，还要做到：当心情不好时，也不要试图去隐藏自己的真实情绪，用层层的盔甲将自己包裹起来。这样，只能够让人不敢接近你，无法给你安慰、支持与同情，最终自己只能够是困在孤独痛苦等各种负面情绪组成的牢笼里。

试着去卸下层层保护自我的盔甲，试着展现自己的真实情绪，做一个真性情的人，试着去接受与拥抱他人的关爱，试着把负面情绪当作自己的朋友，微笑着勇敢地面对它们，生活就会少很多黑暗，多很多光亮，阳光自会暖暖地洒下来。

别向他人要幸福，那是一件只与自己有关的事

生活中，很多人都觉得自己是否愉悦或幸福，都与外界的一切密切相关，觉得幸福就是"别人能给予我什么"，其实，一切寄托在外物身上的满足感和幸福感都是极为短暂的，因为任何的人与物都是你生活的配角。真正的幸福和愉悦，是内心滋生出的一种力量，那是一件只与自己有关的事。幸福不在于能从外界获得什么，而在于内心对外界事物的感知力。一个无幸福感知力的人，无论他获得再多，都不会幸福。一个能够感知幸福的人，无论他多么贫困和平凡，都是幸福的。

生活中，很多人认为，自己之所以过得不幸福、不快乐，都怪爸妈无法庇荫自己，怪自己的成长过程不平顺，怪家中的老公不够体贴自己，孩子不够听话……他们怪一切拖累了他们，自己的生活才变得一团

糟糕。他们一直怪别人，将怒气发泄在不顺心的人或事上面。其实，一个人幸福与否，与外界的一切都毫无关系，而与其内心、个性，比较有关系。

青樱是个活得异常洒脱的人，她有一颗能时刻保持愉悦的心，生活中无论遇到怎样糟糕的事情，比如孩子考试不及格、老公没本事，自己挨领导批了，都能坚持快乐地生活。每天晨跑时迎着早上升起的太阳、凉爽的晨风，在她眼里都是快乐的。

有朋友问青樱："你为何总是那么能够沉得住气，一整天都乐呵呵的呢？"

青樱轻轻一笑，回答道："事情已经是这样了，着急、紧张、郁闷、痛苦……有什么用处呢？何况，孩子乖巧懂事，丈夫对我很好，我又没有下岗，为什么不快乐一点啊？快乐是一天，不快乐也是一天，当然要快乐，我们要享受生活嘛。"

对于青樱来说，幸福很多时候并不是掌握在别人手中的，而是放在她心中的一种能量。她自己有一颗积极乐观的心，她有足够的自控力让自己活得好，而且懂得解决生活中的疑难，更懂得用理智与平和去面对生活中可能有的波折。

的确，能够掌控自我幸福的人，一般都有着极为成熟的个性，他不会为任何事情去扭曲自己的意愿，所以，也不会依着不适合的男人或女人去折磨自己。幸福的桨已经被他牢牢地握在手中，没有人能够夺走，所以他能够度过人生中必然会有的惊涛骇浪，找到属于自己的生活节奏。更为重要的是，他富有智慧，懂得取舍，能时时地对自己所拥有的感到满足与快乐，他还有强大的感知力，能够对生活中极为普通且常见的事与物感到幸福。

今年 37 岁的莲娜曾经历过两次失败的婚姻，而且每次都因先生的出轨而收场。她曾向朋友哭诉她第二段婚姻失败的经历。一次她在出差后提前回家，发现丈夫和另一个陌生女人亲密地在一起，当这一幕映入她的眼帘时，她全身开始不停地颤抖、歇斯底里尖叫的同时，心中浮现一个充满仇恨的声音："看，你又失败了，你为这个男人做了这么多，他还是辜负你！怎么会这样，命运在诅咒你！"当她企图抓起身边的抱枕扔向丈夫时，她在无意间看到了镜子中的自己。镜子里面出现了一张愤怒而且扭曲、丑陋的脸庞。此时，另一个声音在她耳边响起："如果我是男人，也不会爱你！"

她的内心忽然平静下来，她开始意识到：连自己也不喜欢自己，凭什么要别人一辈子忠贞不渝地守着她呢？她发现，她的人生困境不在于丈夫是否有外遇，也不在于婚姻失败。最根本的是，她一点也不喜欢自己的生活，她像一条奄奄一息的鱼，被困浅滩。婚姻的重复失败只能提醒她，别以为得到婚姻就可以舒缓她的人生困境。

对于一个女人来说，如果自己都不能让自己快乐、幸福，自己在生活中都难以找到乐趣，不尝试着去改变，只是一味地责怪、抱怨有东西阻止她的快乐，那么，她嫁给谁都不会幸福。男人亦是如此。

有这样一句话："有一种女人，不管她嫁的是建筑工人还是国会议员，她都有能力让自己过得幸福。"真正长久的幸福并不源于外界，那是一种心灵的力量，这种力量未必如惊涛骇浪一样冲击着我们，也未必如泰山压顶一般震撼着我们，或许只是"随风入夜"的"淅沥春雨"，只是"以阴以雨"的"习习谷风"，便足以让我们的心田温涵润泽，熠熠生辉，足以让我们的生活快乐惬意、光彩照人。

生活中，我们常听人说，我穷得只剩下钱了，可见，富有不一定幸福。美国心理学家戴维·迈尔斯和埃德·迪纳研究证明：财富是一个很差的衡量幸福的标准。因为人们并没有随着财富的增加而变得幸福，相反，随着财富的增加，人们似乎变得更为苦恼。因为幸福不是一种物质，而是一种心理状态，一种情感体验。所以，如果有人问你：你幸福吗？你可以这样回答：我每天都幸福，每天都是我这一生中最幸福的日子——尽管我的房子不是很大，尽管我没有多少财富，尽管我没有什么地位，尽管我人长得不够漂亮，尽管……但是，我能够努力做到对我所拥有的一切感到满意，能够努力做到不被太多世俗的标准所束缚，能够努力做到让自己的心灵快乐，精神富足。

第二章 | 专注自我，你可以不被任何事情左右

——去除干扰，做本色的自己

人的烦恼就在于：忘了自己的事，爱管别人的事，担心老天的事。所以要祛除烦恼，避免外在世界的干扰，就要懂得专注于自我，即只关注自己内心的所思、所想，全然地按照自己的理念或想法去做自己想做的事，这样才能屏蔽外界的一切干扰，不为他人的意念所左右，更不会因为他人的无理而置自己于烦乱之中，也不会总在鸡毛蒜皮的事情上纠缠不清，才能全身心地在自我的世界里做自己，集中所有的能量去成就卓越，取得成功。

专注自我，其实就是做本色的自己。即在你的世界里，你是你内心世界的王，在你的王国里要有法律，这法律便是你所坚持的原则。一个本色的人就是绝不做原则不允许做的事情，让自己的内心和行动保持最大限度的一致。

本色可以让一个人保持在最舒服、最放松、最自信的生活状态中，这种状态可以最大限度地激发一个人自身的能量，甚至可以让其超水平发挥，做出一番大的成就。要想保持本色，实际上就是把握自己的个性，认识自己的缺点，发现自身的优点，将自己的独特个性和优势充分地发挥出来。

世上烦恼事很多，内心强大者只关注自己

生活中，每个人也许都有这样的体验：感到压力很大，内心极其疲惫，于是便渴望放下一切通过旅行去释放内在的不快和郁闷。同时又想重新选择一份自己喜欢的职业，或者想舍弃当下拥有的，去学习一直想学而没机会学的舞蹈或乐器等。你将你的想法告诉周围的朋友，朋友便会打趣说：那你去呀，去做你想做的事情呀！而这时你却又打了退堂鼓，心中开始不断地盘算着：自己苦心经营起来的事业该怎么办？家庭又该怎么办？已经得到的名与利该如何舍弃呢？难道统统都要放下吗？在不断纠结中，我们的心灵便也被牢牢地制约住了。或者，你已经被现实的某些力量所操控了。于是，各种思想开始在脑中翻腾，内心也在挣扎中更为疲惫和劳累。而其实，你这些所谓的"累"，是因为你对外界太过关注而产生的。这个时候，就要学会与自己和解，即懂得将你的专注力从外在转向内在，去全身心地关注自己的内心，并为其修行。生活中，最幸福和快乐的人，其实就是用关注内心去应付因太过在意外在而惹来的麻烦。

苹果公司灵魂人物乔布斯在刚出生时即被母亲抛弃，被一对蓝领夫妇所收养。在他很小的时候便得知自己是被人丢弃的孩子，并在那时就偏执地认为母亲之所以狠心抛弃他，是因为当年觉得他的出生本身就是一个天大的错误。于是，自卑、孤僻的性情便在他心中开始发芽。为此，在3岁时他便想尽办法恶作剧，上课从不听讲，从不完成作业，顶撞老师，总是被赶出教室，而且性格孤僻，没有朋友，经常被人看作"怪物"。面对外界对他人格的种种置疑，乔布斯毫不放在心上，只是

专注于自己的内心，专注于自己感兴趣的事情。

乔布斯的一位朋友曾这样评价他：只要他对一样东西感兴趣，就会把这种兴趣发挥到非理性的极致状态，并且他要从这里面获得乐趣。其实，乔布斯的一个过人之处便是知道如何做到专注。"决定不做什么跟决定做什么同样重要。"一位同事曾这样评价工作中的乔布斯："当他不想被一件事情分散注意力的时候，他会完全地忽略它，就好像此事完全不存在一样。"

其实，乔布斯是个有性格缺陷的人，外界曾对他有着极为苛刻的评价，但他却毫不在意，只专注于自己内在的兴趣点上，最终获得了成功，赢得了人们的赞赏。他只活在自己的世界中，只关注自己的内心。面对工作是如此，对生活亦是如此，他也是一个不会轻易为琐碎的小事而烦恼或纠结的人。

其实，人是具有极强的社会属性的，人自从落地的那一刻，便通过啼哭来与社会联系起来，这也是对这个新生世界的回应。随后，在成长的每一天，其无不是以好奇心来探索和认识这个社会的。因为好奇心，我们一直在关注着身边的世界。我们想了解某项事物，就会去学习相关的知识。我们想结交某人，就会去探究其性格。我们想拥有某些东西，就会去努力奋斗。看似我们在满足自己，实际上，我们更多的是被外在的力量牵着走。

在日常生活中，你是否也有过这样的经历：夜很深了，你的心中总是缠绕着无尽的忧虑，似乎全世界的重担都压在你的肩膀上。如何才能赚更多的钱？怎样才能得到一份薪水更高的工作？如何才能拥有属于自己的一套住房？如何才能获得上司的信任与好感？如何做才能搞好与同事们之间的关系？……你脑中有如此一串串的烦恼、难题与亟待要做的事在那里滚转翻腾！你开始意识到，真该休息了，不然明天又会迟到，这个月的奖金又没了……开始有意识地控制自己，但是最终这一串串的思绪还是东飘西荡地翻滚起来：明天的粮食会不会涨价？明天上班该穿哪件衣服？你这一夜仿佛真的无法入睡了！

这时的你，就要学着与内心挣扎的自己和解，在心底对自己说："不要怕，一切由它去吧。""一切都会好起来的！"等。此类的话对自己说上几遍，每说一次做一次深呼吸，然后放松！对自己说的同时，心里也要这样想，将心中的恐惧、烦恼、仇恨、不安全感、内疚、悔恨与罪恶感从心中腾空，这样才能获得内心的平静。心灵上获得了平静，也就意味着体会到了生命的真谛。

专注自我，别让你的能量被外界分散掉

将全身所有的能量集中于一个点上，才能发挥强大的威力将对手击倒，这是中国功夫的精髓所在。同样地，要想在一件事情上获得成功，也需要你能集中能量。而生活中，多数人的内在能量却是涣散的，这也是导致他们劳累、疲惫、痛苦、烦恼与不快的主要原因。比如，你是否总是在意别人对你的评价？会不会因为别人一句无心的话而打乱自己的生活节奏？是不是很容易受外在环境的影响，比如工作、居住和生活环境等？你的精力很容易因为外界的事或物而被分散。比如，你满心欣喜地穿着一件漂亮的衣服去上班，但刚走进办公室，便听到有同事说，这衣服跟你的气质或肤色毫不相搭，于是你开始郁闷至极，整整一天，你都无法打起精神应付工作，并且越来越觉得自己因为穿错了衣服而变成了小丑。

这其实并不是你所希望的结果，但我们却会轻易因为他人的一些言

论而改变自己内在的精神状态，分散自己的精力，致自己于做事不在状态的情况，这种情况还常常出现在工作中。当你面对一脸严肃的老板时，自己不知不觉间便会觉得压力倍增，连本想好要说的话，出口便变得结结巴巴，因为你看到对方皱起的眉头会担心，我的工作是不是出了什么大问题，我刚才是不是说错什么话了？

有些时候，你很想好好地开展一项工作，却又担心同事会用异样的眼光看你。或是在做某件事情之前，你总是左顾右盼，担心不合老板的意思。最后，不仅没有将工作做好，还让自己整天生活在极为压抑的状态中，这种情况急需突破或者改变。

卢珊是一名都市白领，在与丈夫结婚后用积累了几年的工资买了一套二居室的房子。房子是他们精挑细选后定下来的，两人住进去后感觉十分舒适而且方便，他们开心极了，那段时间，卢珊的脸上总是挂着幸福的微笑。

但是没过多久，卢珊的一位同事也买了一套房。装修好后，朋友打电话让卢珊到家里参观。朋友的房子地段好，而且房子面积还很大，里面的装修也很高档。卢珊从朋友家里回来后，脸上再也没有笑容了。她原本的好心情已经被朋友"更好"的房子给冲击掉了。

当你的思想或情绪受外界所影响时，说明你内在力量处于极为涣散的状态，你内在的定力不够。就像卢珊一样，她本来沉浸于自己的小幸福中，但是因为看到朋友有比自己更好的房子后，心中所有的快乐和幸福感便消失了。而如果她只专注于内在的话，比如她想自己的房子是自己付出了诸多的艰辛换来的，它是自己努力的见证，对自己有着特殊的意义，跟任何的房子都不同，那么，她也就不会因为别人的言行或"更好的房子"而郁闷了！也就是说，当外界对你施加影响的时候，你要懂得去审视自己的内在，而不是被别人牵着鼻子走。比如，你刚到一家新公司，发现部门的同事工作起来都不那么认真，而你却想好好地干，并且很想受到领导的重视。于是，面对问题，你总是能冲在最前面，在会议上，你也总能够积极发言，对工作提出有价值的意见。这时，你周围的同事可能会说："新来的菜鸟，拼命地在领导面前表现，难道是想尽快地爬到我们头上去！"这种风凉话一出口，如果你是个内在定力不足的人，那么你可能也就无法专注于工作了。而内心强大者，则不会受这些外在议论的影响，他们还是会把精力全部放在工作中，毕竟这是自己未来得以生存和发展的基础。要知道，为公司或企业创造价值，是一个员工得以立足的根本。

你可能会说："完全不顾及外在的声音而专注于内在的自己，真的很难做到。毕竟那些声音总是出现在耳边。"但是你需要知道，改变自己的过程，是需要毅力和勇气的，如果你可以坚持下去，那么你的内在将会变得异常强大，最终你也会变成真正独立的、全新的自己，你完全可以任意地支配自己的意愿，跟随自己内心的真实想法做到"知行合一"。否则，你也可能在别人的"眼光"中，沦为平庸者，或者一败涂地。就像赛跑一样，如果你总是关注其他队员的情况，你是极难获胜的，只有沉浸在自己所营造的"氛围"中，注意平衡节奏，才可能冲在最前头。

精力达人，都会主动避免坏情绪的干扰

生活中，那些身上挂着所谓的"精力达人""高效精英""工作红旗手"之类的隐形牌匾的人，都是具有良好情绪掌握力的。他们只活在自己的世界中，只专注于自我，不会将自己的精力浪费在无关紧要的

事情上面，在任何情况下，都会主动地避免干扰，以百倍的专注力去完成既定的工作。

在工作的五六年时间里，刘寅在单位被人称为"精力收纳狂"。在他离开第一家公司时，老板曾对他三度挽留；与第二家公司分道扬镳后，经理用三个人填补他原先的岗位空缺；在当下的单位中，他也被同事称为"高效达人"。

除了顺利地完成当天的工作任务外，刘寅每周都会保证自己阅读3～4本书，大部分工作日下班后就直接奔菜市场买菜做饭；他想健身，因为没时间去健身房，所以就在家里置办了跑步机、健腹机等健身器材，可以抽出更多的时间来锻炼。尽管每天都会加班，但他还是会抽出时间去博物馆当志愿者。很多同事曾问他精力为何总能分配得那么好，刘寅则说：在任何时候都别让无所谓的事情去分散你的注意力，耗费你的精力，具体来说，他会把淘宝网页设置成受限站点，上班时间不要网购；在做需要注意力高度集中的重要任务时，把手机都调成飞行模式；路过茶水间的妈妈帮、相亲团聚众闲聊时，不宜久留；业余时间做自己喜欢做的事，以此累积的正能量足以使他应对人生的任何一种苦厄。

事实上，成就大事者，都是不轻易浪费和耗费精力的人，他们能合理地分配时间，有极高的情商，能很好地控制自己的情绪，不会因为情绪问题而置自己于焦虑、忧虑、担忧和痛苦中，他们只将专注力放于"当下"。

真正重要的从来不是努力做什么，而是沉下心来，避免干扰，去做好一件事。要知道，一个人一生的时间和精力都是有限的，专注，有时候比努力重要100倍。

生活中，我们总是感慨他人所取得的成就、头衔、名目，而一心想要追逐，幻想着有朝一日也如他般耀眼夺目。而其实，鱼与熊掌，不可兼得。你想要的越多，会失去越多。一辈子能做的事本身就不多，我们千万不要因为情绪问题而干扰自己的精力。

其实，那些不凡者，之所以能够成就大事业，主要就是依靠一种乐观且稳定的情绪定力。

新东方董事长俞敏洪说："企业实力弱，创业者经验不足，不能很好地处理一些困难，这个时候如果创业者的情绪不够稳定，就容易影响军心。"

百度董事长李彦宏说："想想这十几年以来，我自己生命当中，经常说的就是认准了就去做，不跟风，不动摇，同时对自己要有清晰的判断，一个人应该做自己最擅长的事情，同时也做自己最喜欢的事情，这样的话，做成的概率会很大。"

企业家黄怒波在谈到自己成功的经验时不无感慨地说："其实，我并不是一个天生的成功者，许多人都比我更聪明、更有才华。我唯一比他们强的只不过是我更容易控制自己的情绪罢了。我很冷静，从不为那些情绪化的事情浪费时间和精力——我的意思是说，我享受不起那种感伤。"

著名企业家王志东说："碰到低谷的时候，其实很重要的是考验自己的信念。坚持住了，你就成功了。"

……

"坚持""稳定情绪""认准就去做"等，这些都是高情商的重要体现，正是这些品质和精神造就了他们人生的不凡。

一个人能否取得巨大的成就，其中一个最为重要的因素就是能否保持镇定、集中精神，让大脑时刻处于井然有序的状态，即便是面临再大的危机也是如此，其实这就是所谓的"情商"。从小的角度来说，这种精神状态可以使你最大限度地释放你的能力，帮助你解决眼前的困难和问题；从大的角度来说，良好且稳定的精神状态能帮你找到人生轨迹，使你全身心地专注于你的事业，所以，如果你想成为一个不凡者，就要学会合理地掌控自我的情绪，避免不必要的干扰。

别因为他人的看法，而捆绑了自己的手脚

今年刚从一家名牌大学毕业的张涵在一家电视台做实习编辑。她的目标就是顺利地通过实习，然后成为其中的正式员工。在接下来的三个月时间里，她每天都表现出很努力的样子。每当上司交给她一个任务，她都会绞尽脑汁去完成，但结果却总是差强人意。

一次，上司交给她一项任务，要求她去完成。她经过苦苦思索后，按自己的想法做出了一个自认为还不错的方案交了上去。

可是上司却对此方案不满意，对她说："想法不错，但却执行成本太高""这个地方，这种错误不该犯的"……经过一番痛批后，便要求张涵继续改良。对于张涵来说，领导的批评使她对这个方案继续投入的激情已经减了一大半。接下来，她在修改方案的时候，总会不时地想，上司会不会觉得我特别笨啊？到实习结束的时候，她大概是不会让我留下了！我是不是真的不适合做这项工作？……她的脑中已经完全被恐惧所侵占，已经没有心情去全身心地研究工作方法这件事情。

随后，张涵按照上司的意见，对方案进行了第二次修改，与往常一样，上司又指出了其中的一些错误和意见。这时，张涵对这项工作的激情已经完全没了，她只是默默地记下了上司的意见，并一板一眼地予以修改。第三次，上司终于还是勉强接受了她的方案。

就这样，这个方案经过接二连三的修改之后，张涵意识到这个方案

已经距自己当初的设想相差甚远了。更让张涵担心的是，自己即便已经依照上司的要求一步步地修改完了，但上司却勉强地接受，自己的工作能力完全没得到上司的肯定。如此下去，自己要顺利通过实习期的愿望岂不是要泡汤了？近来的她，几乎每天都在惶恐不安中度过，生怕再做错事，忧心忡忡。

对于张涵来说，她固然费尽心思，还是没能获得上司的肯定，为此她纠结不已。出现如此糟糕的结果，是因为她没有将自己的主要精力放在工作上，而是将精力放在猜测上司对自己的看法上。在修改此方案的过程中，她为了迎合上司，一步步地放弃了自己原来的想法，不断地猜测老板想要的结果。甚至为了不让上司再对自己失望，她只是一板一眼地按照上司交代的步骤去做，最终她也只是交出了一份差强人意的答卷。实际上，张涵完全可以按照自己的想法，并结合上司给出的意见，进行再次创新，超常发挥，一定会得到不一样的结果。对于张涵来说，与其说她是因上司的挑剔使她心烦意乱，不如说她是被内心的恐惧所折磨。

其实，生活中很多人的烦恼皆源于对他人看法的太过"在意"，他们因为内心缺少自信，没有将目光锁定在目标上，没将心思用在正题上，整日被担忧、患得患失等空念所空耗精力。

其实，无论遇到什么事，你若能让自己全身心地沉浸在事情本身的快乐中，感到其中的乐趣才是最为重要的，别人的评价只是一种外因，这种外因如果是好的建议，可以帮助你更好地完成事情，如果是无关痛痒的评头论足，于改进无益，那你就大可以将其忽视。

大学毕业便进入一家广告公司的晓慧，担任公司的行政助理。虽然，她的学历并不高，但是对工作却充满了热情，做事特别有干劲，深受大家的喜爱。而公司的市场部经理就是一个重能力而轻学历的人，他看到了晓慧身上的闯劲，于是就大胆地将晓慧调到销售部门，并让她负责一个区域的销售工作。

为此，市场部经理经常与晓慧在一起谈工作，两个人在一起的时间多了，便经常一起出差，一起吃饭，久而久之，办公室就传出了他们关系暧昧的流言。看到同事们都在用异样的眼光看自己，晓慧十分揪心。随后，这件事情就成为其他同事茶余饭后的谈资。晓慧当时感到受到了莫大的委屈。但是她又坚信：是非止于智者，清者自清，浊者自浊，时间会证明一切。在那一段时间里，晓慧仍旧埋头努力工作，将精力都用在了工作上。几周后，大家也都觉得流言之事经不起推敲，也就没人再提及此事了。

一段时间后，有人打电话告诉晓慧传播她谣言的"真凶"，而晓慧则说："这件事情已经过去了，不要再提及了。"经过努力，晓慧很快成为销售部的精英，不久便又升了职。

晓慧无疑是聪明的，面对流言蜚语，她只是淡然视之，仍旧埋头做好自己的事，最终流言便不攻自破。如果晓慧得知传播她谣言的"真凶"后，大发脾气，与其大吵大闹，事情可能就会越描越黑，还会影响到工作，从而阻碍她的个人升迁之路。

如果你因为太过在意别人对你的评价或者看法而产生恐惧或忧愁甚至痛苦时，不妨就先停止手中的工作，问一问自己：你做此事的目的是什么？你工作是为了解决问题，还是为了受到周围无关紧要的事情的表扬呢？如果确认完毕，那就按着你所认为的正确的"路线"走下去，不必在意他人的看法，随着时间的推移，你的能力就会得到凸显，你的出色表现会让所有的流言和对你怀有恶意的人哑口无言。要知道，关注事情本身，要比在无关紧要的事情上面空耗精力有趣、有意义得多。

别总在小事上纠缠不休

很多人都能勇敢地面对生活中的那些大风大浪，结果却常常被一些小事搞得垂头丧气。生活中，我们的忧虑很多时候都来自看似无足轻重的小事，身为部门主管的张女士也发觉了这一点：她手下的人能够毫无怨言地从事危险而又艰苦的工作，"可是，我却知道，有好几个宿舍的人彼此间都不怎么说话，因为怀疑别人把东西放乱，占了自己的地方。有一个讲究空腹进食细嚼健康法的家伙，每口食物都要咀嚼 28 次。而另一人一定要找一个看不见这家伙的位子坐着才吃得下去饭。"

据调查，"小事"如果发生在婚姻生活中，还会造成世界上半数的伤心事。洛杉矶的一位法官在仲裁过四万多件不愉快的婚姻案件之后这样说道："婚姻生活之所以不美满，最基本的原因往往都是一些小事。"

两千多年前，雅典的政治家伯利克里就曾经留给人类一句忠言："请注意啊，我们已经将太多的精力纠缠于一些小事情了！"安德列·摩瑞斯也有类似的提醒："这些话，曾经帮助我经历了很多痛苦的事情。我们常常因一点小事，一些本该不屑一顾的小事，弄得心烦意乱……我们生活在这个世界上只有短短的几十年，而我们浪费了很多不可能再补回来的时间，去为那些一年半载之内就会忘掉的小事发愁。我们应该把我们的时间用于有意义的行动和感觉上，让我们的思想变得伟大，去体会那些真正的感情。因为生命太短促了，不该只顾及那些无聊的小事。"的确，生活是由一系列的小事组成的，但如果我们过多地拘泥、计较这些小事，那我们的人生也没什么意义和乐趣可言了，我们触目所及的必然都是烦恼、痛苦、矛盾与冲突。

一位作家，平时在家里写作的时候，经常被邻居家里小孩的吵闹声烦得要发疯，他每天都很不高兴，有时甚至想站在窗口对着邻居家的窗户破口大骂，但他最终忍住了。

有一天，他和几个朋友出去露营，在帐篷中小憩的他，时不时能听到外边小孩的嬉戏声，他觉得那声音简直美妙极了，这声音和邻居家小孩的声音不是一样的吗，为何自己会喜欢这个声音而讨厌那个声音呢，回来后他告诫自己：在大自然中嬉戏的小孩的声音很好听，邻居家小孩的声音也差不多。我完全可以全身心地投入我的文字中，不去理会这些噪声。结果，头几天他还注意邻居家里传来的声音，可不久他就完全将它们忘了。

很多小忧虑也是如此。我们不喜欢一些小事，结果弄得整个人很沮丧。其实，我们都夸大了那些小事的重要性……正如狄士雷里所说："生命太短促了，不要再顾虑小事了。"

哈瑞·爱默生·富斯狄克讲过这样一个故事：在卡罗拉多州长山的山坡上，躺着一棵大树的残躯。自然科学家发现，它已经有400多年的历史了。在它漫长的生命历程中，曾被闪电击中过14次，曾被无数的狂风暴雨侵袭过，但它最终还是挺过来了。但在最后，一小队甲虫的攻击使它永远地倒在地上。那些甲虫从根部向里咬，渐渐地伤了它的元气。虽然它们很小，却是持续不断的攻击。这样一棵森林中的巨树，岁月不曾使它枯萎，闪电不曾将它击倒，狂风暴雨不曾将它动摇，却被一小队用大拇指和食指就能捏死的小甲虫弄倒了。

我们人类不正像森林中那棵身经百战的大树吗，我们也曾经历过生命中无数的狂风暴雨的袭击，也都撑过来了，可是却让忧虑这个小甲虫噬咬——那些用大拇指和食指就可以捏死的小甲虫。

实际上，有许多的小事情别人并没有在意，只是你自己过于敏感罢了。所以，当你在为一些小事忧虑时，建议你暂时把注意力从那些小事上转移一下，往快乐的方面想一想，保证你心情舒畅，无忧无虑。忙碌起来吧，我们的大脑不能让忧虑有空子可钻；大度点吧，否则忧虑这小甲虫就有机可乘了。

他人之所以能控制你的情绪，是因为你在意

每个人都可能有过这样的体验：别人一句挑衅的话，就能让你火冒三丈，恨不得立即冲上去揍对方一顿；会因为上司一句不经意的批评而情绪低沉；会因为他人的讽刺、嘲笑、挖苦而怒火中烧，想报复对方……你为此感到不快，皆因为你太过在意，你越是在意，就越容易陷入对方的"攻势"之中，他人顺利地用话语或行为激怒了你，看到了自己想要的结果，而你却深受其害。正因为在意，所以你内心很容易被击伤，外在的一些风吹草动都会使你心神不宁。你的这个弱点若被人发现，你的情绪便很容易被人所控制。

洛克菲勒因经济纠纷与人对簿公堂，在开庭时，对方的律师看起来是个极富修养的人，洛克菲勒本对本次的官司并不抱有什么信心。

在法庭上，对方的律师拿出一封信问洛克菲勒道："先生，请你告诉我是否收到了我寄给你的信呢？另外，你为什么没有回信呢？"

"我收到了，但没有回！"洛克菲勒十分果断干脆地回答道。

于是，律师又拿出20多封信，并且以同样的方式一一向他询问，而洛克菲勒都以相同的表情，一一给予其相同的回答。

律师见洛克菲勒如此地镇定，终于按捺不住内心的狂躁，顿时愤怒至极、暴跳如雷，并不断地咒骂，完全失去了一位律师应有的风度！

最后，法庭宣布洛克菲勒先生最终胜诉！原因很简单，就是因为对

方的律师在法庭上乱了阵脚，让自己失去了判断力。洛克菲勒就是利用这点，不断地用言语去攻击他的"软肋"，使对方的目的以及打官司的手段等细则全部都透露了出来，最终赢得了官司。

一个人越在意什么，其情绪就会被什么所控制，就像那位律师一样，因为太在乎官司的输赢了，所以便轻易地在洛克菲勒面前暴露了自己的弱点，让对方抓住了把柄，使他在关键时刻一败涂地。

真真是一名实习生，她工作努力认真，获得了上司的好评。这时，与她一同来实习的张欣告诉她，学校对真真的表现很是认可，想让她留下来。这可让真真高兴坏了，这无疑让她吃了"定心丸"，之后，她对工作更上心了，领导对她更是赞不绝口。

很多时候，我们产生恐惧和慌乱，是因为对未来的不确定性。不知道如何才能获得他人的认可，这时，若有人告诉你，如何去做才能赢得他人的肯定，那么你的情绪也会跟着变化。你可能非常喜欢某个男孩子，却又猜不透对方的心思，此时，如果身边有人告诉你关于他的一些只言片语，你的情绪也一定会受到影响。由此也可以得出，其实，真正控制你内心的不是外界，而是你内心的虚荣、欲望，这些都是你心灵的"软肋"，你想要真正地摆脱控制，获得内心的真正平静，就该将你内心的虚荣、欲望剥离掉，将心灵腾空。佛家有一句话叫"无欲则刚"，就是你内心如无任何的欲念，那么你将能获得真正的强大，外界的任何人与物都拿你毫无办法，你也就是无敌的。

听从自己内心的声音，别让他人左右你的选择

生活中，你可能会遇到这样的情况，自己决定要去做某件事情，可是，周围的人对你的选择却有不同的观点，每个人都说得头头是道，让

你心烦意乱。要知道，这个世界最不缺的就是闲着没事爱对他人评头论足的"闲人"。每个人所处的环境不同，看问题的角度也不同，给出的意见或建议多少带有功利性或者片面性。所以，在你做选择时，面对周围人的声音，切勿沉浸在他人的评论中，而是应该听从自己内心的声音，保持足够的清醒与理智，从而做出正确的判断。

参加完高考的苏珊，最近因为报考专业伤透了脑筋。本来，以她的分数，她可以轻松地进一所当地的知名大学，但是在填报专业时，她却开始纠结了。父母及周围的亲戚、朋友都建议她填"经济学"，理由是将来可以在当地的金融系统找一个好工作。而苏珊本人则从高中时就对生物学极为迷恋，她的本意是想报考"生物学"，可这遭到了周围人的强烈反对，理由是生物学将来毕业后太难就业。在接下来快半个多月的时间里，她都在为该报考经济学还是生物学而纠结着……

为了让苏珊屈从自己的决定，父母更是请来了在金融系统工作的颇有名望的舅舅，劝她立即报填"经济学"。几天时间里，舅舅都对她进行"洗脑"，并从现实角度出发，帮她分析了当下大学毕业生就业的艰难处境，又为其描绘了改学"经济学"后的美好前景，这让苏珊有点动心。随后，家里的众多亲戚和同学，都过来劝说苏珊，一周后，苏珊彻底改变了主意，毅然屈从了父母的意见。

可是，改学"经济学"后，苏珊变得很不快乐。枯燥的经济学定律激发不出她学习的任何兴趣，烦琐的经济学数据更是让她头疼不已。她很努力，学得也很辛苦，但丝毫没有任何成效，大一刚结束，她就因为多门课程不及格而被学校通知重修一年……

苏珊所经历的其实就是选择意识被人操控的过程。与苏珊一样，生活中我们多数人所经历的心理操控并不是仪式化、极端化的，它们通常是以友善而不易察觉的面貌出现在我们的身边。对于我们来说，这种操纵者才是最应该提防的，就像苏珊的父母，以及亲戚、同学等，他们总是打着"为你好""我们不会害你的""我们最爱你"的口号来让你放下你的本意选择，屈从于他们的意志。

生活中，我们会面临各种选择，此时，听从自己内心的声音，走适合自己的路才是最重要的。这就要求你做一个有主见的人，做自己生活和人生的主人，这样的人也是内心强大者。他们面对事物，有独到的见解，他们的选择遵从自己内心的意愿，所以他们会快乐。面对各种质疑和评论，正是培养你判断力的好机会，与其为此烦恼，不如趁机提升自己的心理素质，学着与内在的自己和解，做到不纠结、不烦恼。

张萌是一家外国语学院的老师，还有一个可爱的儿子和一个幸福的家庭。在她一切都稳定的时候，她选择离开，远赴美国留学，身边的所有人都不理解她的做法，父母劝她要以家庭为重，身边的同事在猜测她是否与学校领导产生了矛盾……尽管一时间，唏嘘声铺天盖地，但张萌都以微笑面对，坚决依着自己的想法去了美国留学。

几年学成归国后，她成立了自己的工作室，做起了跨国文化交流工作。如今的她，不仅事业做得出色，人也精神了许多，而且家庭依然很是幸福。

拥有判断力，是你拥有强大内心的前提，保证冷静的头脑，遇到问题，不要着急，而是应该积极思考。这样的人，有主见，有追求，总是能在取与舍之间智慧地游走，他们始终知道自己要做什么，这些都源于他们对自我的清醒审视，并时刻懂得与内在的自己和解。

关于人生的选择，HP大中华区总裁孙振耀在自己的退休感言中这样写道："很多人在做选择的时候，总是会受他人影响，亲戚的意见，朋友的意见，同事的意见……问题是，你究竟是要过谁的一生？人的一生不是父母一生的续集，也不是儿女一生的前传，更不是朋友一生的外篇，只有你自己对自己的一生负责，别人无法也负不起这个责任……"的确，无论何时何地都应该忠于自己的内心，遵从自己最本真的意愿，这才是对自我人生最大的负责。当你在做选择时，当别人在你身边喋喋不休，想将他们的"意愿"通过"洗脑"的方式植入你的意识中时，你应该果断清理掉它们。因为很多时候，它们是潜伏在你大脑中的"敌人"，会对你的人生起到误导作用。同时，在做选择的时候，我们也无须太过于计较那些所谓的"薪水或报酬""面子""他人的意见""荣耀"等，而是应该遵从自己的本心，选择那些最适合自己发展的人生方向或职业，那样你的人生将会是充满快乐和幸福的，而且也是成功的！

专注于生活，让细节"滋润"你的心灵

生活中，总有一些高姿态者，总希望自己能够成为人群的中心，希望每个朋友都能够时时地关注他。这其实是内在的虚荣心在作怪。心理学上有一个著名的论调是说，一个人炫耀什么，说明他内心缺少什么。其实，越是想引起他人关注的人，其内在越缺乏智慧的沉淀，缺乏内涵。纵观你周围的人，越是有实力者，其行为便会越低调，他们不会在朋友面前扯皮吹牛，而只是会安静地听别人说，适时发言，好像有一种与生俱来的优雅格调。

时时爱在他人面前以高调的"表演"来引起他人关注的人，很容易因为迷恋于其外在的表现而忽视了其内在的提升。这样的你，不妨尝试着让自己的内心丰富起来，从而放低自己的心态，让自己在"自我"的世界里享受快乐和幸福。

当然，要想使自己的内心得以丰富，首先要学会用心去体会生活中的美好。每个人的生活都是由一系列具体的小事组成的，如果我们能用心做好每一件事，并能从中体会快乐，享受过程，那么你就会慢慢地变

得富有内涵。

张薇从一所著名的传媒学院毕业，走入社会后，她没有像其他同学那样四处奔波去找工作，而是开了一家属于自己的糕点店，亲手做各种好吃的糕点以支撑店面的生意，每天都忙得不亦乐乎。几年后，她的同学有的进了电视台当起了主播，有的则进了报社，做着体面的工作。然而，她却丝毫没有失落感，每天只是精心地做着自己的糕点，笑吟吟地面对来往的顾客。一次，她参加同学聚会，安静地听着大家说工作的事。有的同学问她："你条件那么好，为何非要去卖糕点呢？而且有时候还入不敷出，苦苦经营，你不是自找苦吃吗？"而张薇则说："做糕点是我人生最大的喜好，虽然赚不到什么钱，但我却乐在其中呀！"看到张薇神采飞扬地诉说自己做糕点的心得，大家都不免露出惊讶的神情，甚至还有不少同学找她聊天。

张薇之所以能够活得快乐，原因在于她是在为自己而活，她能从自己所从事的职业中体会到无比的快乐。生活中，很多人总是带着极强的功利心，希望自己在他人眼中有地位，为了成为他人羡慕的对象，带着极强的功利心拼命追求财富、地位，这样的人内心是空虚的。

其实，每个人都有属于自己的精彩，都应该为自己而生活！如果你时常感到精神疲惫、内心虚空，就不妨将目光转向自己的生活，扪心自问：你工作的内容是什么？下班后，你是否会约上朋友小聚？回到家，与家人共享天伦……而且要学会从一件事情中，找到生活的意义，懂得从细节中享受过程，而不是为了争"面子"而委屈自己去费神劳力。

刘欣已是一位有着四年工龄的幼儿园老师了，最近，她似乎有了职业倦怠，逢人就抱怨自己的工作有多苦、多累、多无聊。可是直到有一天，当她上了一天的课，累得瘫坐在教室的书桌前时，一个3岁多的小女孩走向前去，用小手抚摸着她，并用稚嫩的声音说："老师，你一定累坏了吧？我给你揉揉背吧！"这时，她的疲惫和劳累似乎一下子都消失了。从此之后，她开始不抱怨了，而是学着积极地关注每个孩子的成长，并认真地融入他们的生活，她很快从自己的工作中找到了乐趣。每当与孩子们一起搭积木，看到孩子专注的眼神，她便会觉得幸福感十足。

生活是由一系列的"细节"构成的，当你真正地融入其中，并从中体味其中的美好，便会觉得你的内心是充盈、丰富的，久而久之，你的心灵便能得到滋润，外界的浮华、虚荣便也打扰不到你了。

舍弃冗杂，简单更值得珍惜

人活一世，不应该总是抱怨经历了比他人更多的苦难，生命只有一次，不可能从头来过。不要让自己的生命在应有的时间里得不到体现，也不要让自己的生命在应有的时间里找不到自己存在于这个世界上的最根本的意义，更不要等时间悄悄流走后，才回过神来，噢，原来又是这么一天了。所以，请不要荒废你的生命，让自己的生命为你的人生去创造属于自己的光彩，不论是喜剧还是悲剧，不论是笑声还是哭声，不论是欢乐还是忧郁，一样要全情投入，这就是人生的丰富。

人活着是为了什么？人生的意义是什么？有人说是以服务为目的，有人说是以追求过程中的真善美为目的，有人说是以感受生命的多样性为目的……不同的人有不同的看法。然而，这些都是对人生太过深沉而严肃的看法，是将人生复杂化了，进而使我们在人生的旅程中背上了过多的思想包袱，让自己气喘吁吁，疲惫不堪。

在一堂哲学课上，老师正在给学生们讲《庄子》。突然，一位学生站出来提出了这样的问题：人生是以什么为目的而活着的？

老师笑了笑，说道："我今天活着的就是为了给大家讲《庄子》。

中午饿了吃饭，是为了吃饭而活着的，晚上困了睡觉，也只是会睡觉而活着的。人生的目的是什么？每个人从出生在世界上的第一天起，没有人会问：我为什么要来到这个世界上？我来到这个世界的目的是什么？没有一个人是为了问明白这个问题而来到这个世上的。所以，我们活着的目的仅仅是为了活着，没有其他的答案!"

"天下熙熙皆为利来，天下攘攘皆为利往"，人生充满了各种各样的"目的"，这是将人生太过复杂化了。然而，这位哲学老师则抛开了一切繁杂的意念，简简单单地用一句"活着只为活着为目的，没有其他的答案"，十分精练地概括了人生的真实意义。他的看法可谓道出了生命的真谛，这种大彻大悟的人生观，其实也告诉我们：在任何时候，都要以一颗平常心来对待生命，不悲不喜，不以失去而悲伤，不以得到而狂喜，活在当下，努力做好当下的事情，不将人生复杂化，不将生活复杂化，单纯而积极地活着，才能真实地抓住生命的意义。

《士兵突击》中的许三多说了这样一句话："有意义就是好好活着，好好活着就是有意义。"人活着的意义就是单纯为活着，不为任何目的。正是因为拥有了这样的人生态度，许三多才活出了人生的真意义。

我们每个人都无法选择自己生命的开始，也不能左右自己生命的结束，所谓生无选择，死不由人，我们唯一能够拥有的，仅仅是经历生命的过程。在这个历程中，每个人的命运也是全然不同的，或高贵或卑微；或富有或贫穷；或一帆风顺事事顺利，或举步维艰遍布荆棘。但是，无论有怎样的经历，我们都要全力以赴，活在当下，用我们所有的勇气和激情，去认真过好生命的每一秒，每一个瞬间。因为每一天的生活，都是一个新的开始，都会有它不同的意义。过去的就让它随风而去，好好把握现在的生活，不去计较过去失去了什么，未来会得到什么。

一位年轻人向一位智者求教："人生的意义是什么呢？"

智者说："困来睡觉，饿来吃饭。"年轻人十分奇怪地说道："如此简单的事情，每个人都在做，但为何还活得那么累，那么疲惫不堪呢？"

智者说："每个人都会吃饭，但是却不会好好地吃饭——千方百计地去计较；每个人都会睡觉，但是却不懂得如何去好好睡觉，心中充满了对过往失去的悲伤，对未来的思虑；人过于计较，过于思虑，也就被内心这些虚妄的杂念所困扰了，就失去了自我，生命也失去了其原有的意义，人也沦为杂念之奴了，当然会活得疲惫，活得辛苦了。"

这时候，年轻人明白了：当下所发生的一切就应是最好的生活状态，用心做好和应对生活中的每一件事情，无论其是悲伤还是高兴，不去过于计较，便是人生的经历了。

人生只以活着为目的，所以，我们只需要好好地接纳眼前的事实，时时与自我和解，并且做好眼前的每一件事情，不苛求，不计较，不思虑，便是人生的真实意义。这其实也是告诉我们，生活中要时刻以一颗平常心去面对万事万物，得意时不忘形，失意时不悲观，在任何生存状态下，都以一颗平常心去感受一份"闲看庭前花开花落，漫随天外云卷云舒"的惬意与自在！

纠结源于"两难选择"：化繁为简，停止内耗

很多人的纠结往往来自生活中过多的选择。比如，你获得了两个实力相当的就业单位的青睐，要做出选择，就会纠结；你获得了两个人的追求，要从中选择一个时，你就会纠结；早晨起床，你会对着满柜的衣服不知穿哪件而犯愁……其实，当生活中有一种选择的时候，我们的内心往往是平静而快乐的，但是可供选择的事物一旦多了起来，生活中的烦恼也就来了，而这些烦恼主要源于我们在选择时患得患失的犹豫心

理。这种心理其实是对自我的一种消耗，我们也正是在这种消耗中，疲惫不堪。

森林中生活着一群猴子，每天当太阳升起时，他们会从洞中爬起来外出觅食，当太阳落山时，他们又会自觉回洞中休息，日子过得极为平静而快乐。

一名旅客在游玩的过程中，不小心将手表丢在了森林中。猴子卡卡在外出觅食的过程中捡到了。聪明的卡卡很快就搞清楚了手表的用途，于是，他就自然掌控着整个猴群的作息时间。不久后，他就凭借自己在猴群中的威信，成为猴王。

当聪明的卡卡意识到是这只手表给自己带来了机遇与好运后，每天就利用大部分的时间在森林中寻找，希望自己可以得到更多的手表。功夫不负有心人，聪明的卡卡终于又找到了第二块手表，乃至第三块。

但出乎卡卡意料的是，他得到了三块手表反而给自己带来了新的麻烦和痛苦，因为每块手表所显示的时间都不尽相同，卡卡无法确实哪块手表上显示的时间是正确的。猴子们也发现，每次来问及时间的时候，他总是支支吾吾回答不上来。一段时间后，卡卡在猴群中的威望也大大降低，整个猴群的作息时间也变得一塌糊涂，大家就愤怒地将卡卡推下了猴王的位置……

这就是心理学上有名的"手表定律"，当猴子只有一块手表的时候，他们能确定时间，当出现了两块手表时，猴子卡卡的烦恼和痛苦也就来了，因为他不知道以哪一块为标准。其实，这就如我们生活中所遇到的难题，大多都是因为选择太多而给人带来的烦恼。为此，要彻底摆脱烦恼，减少内耗，就要有敢于舍弃的勇气和魄力。如果你缺乏这种勇气或者魄力，那就试着过一种简单的生活吧。当多种选择变成唯一的选择时，人也就没有那么多混乱、纠结和烦恼了。

有一个诗人，为了追求心灵的满足，他不断地从一个地方到另一个地方。他的一生都是在路上、在各种交通工具和旅馆中度过的。当然这也并不是说他自己没有能力为自己买一座房子，这只是他选择的生存方式。

后来，由于他年老体衰，有关部门鉴于他为文化艺术所作的贡献，就给他免费提供一所住宅，但是他拒绝了。理由是他不愿意让自己的生活有太多的"选择"，他不愿意为外在的房子、物质等耗费精力。

诗人死后，朋友在为其整理遗物时发现，他一生的物质财富就是一个简单的行囊，行囊里是供写作用的纸笔和简单的衣物；而在精神方面，他给世人留下了十卷极为优美的诗歌与随笔作品。

这位诗人正是勇于舍弃了外在的物质享受，选择了一种简约的生活，最终才丰富了精神生活，为人类做出了巨大的贡献。他的人生是一种去繁就简的人生，没有太多不必要的干扰，没有太多欲望的压力，是一种快乐而又纯粹的人生。

正如尼采所说：如果你是幸运的，你必须只选择一个目标，或者选择一种道德而不要贪多，这样你会活得快乐些。正如一台电脑一样，在其系统中安装的应用软件越多，电脑运行的速度就越慢，并且在电脑运行的过程中，还会有大量的垃圾文件、错误信息不断产生，若不及时清理掉，不仅会影响电脑的运行速度，还会造成死机甚至整个系统的瘫痪。所以，必须定期地删除多余的软件，及时清理掉那些无用的垃圾文件，这样才能保证电脑的正常工作运行。我们要想过一种幸福而快乐的生活，就不能让自己背负太多的选择，学会去繁就简，过一种简单的生活，这样才能不至于使自己在众多的选择面前无所适从。

第三章 | 跟生活合得来，跟世界过得去
——接纳负能量，并尝试与它们和解

人的生命正如硬币的两个面，充满着幸运、欢乐、轻松、欢悦、积极等正能量，同时还充斥着不幸、痛苦、忧愁、悲伤、恐惧、焦虑等负能量。多数人都觉得这些负能量是生命的一种不完美，它阻碍着我们的成长、成功，所以当遇到它们时就会努力去抗拒和克服它们，最终将自己拖入永久的痛苦中，无法自拔。其实，这些负能量对我们的生命也有极大的帮助和正面意义，它始终伴随着我们的一生，而且它们也不是我们的敌人，它们是我们的朋友，我们应该接纳它们，并要感谢它们让我们越来越坚强，能让我们体验到生命的无限精彩。

与消极情绪进行对话，并试着与它和解

我们的生活状态很多时候都受自身情绪的掌控。所谓的情绪既是人的一种主观的感受，又是客观的生理反应，具有目的性，也是一种社会的表达。情绪是多元的、复杂的综合事件。情绪构成理论认为，在情绪发生的时候，有五个基本元素必须在短时间内协调、同步地进行。

1. 认知评估：当外界发生或出现某事（某人），认知系统自动评估这件事的感情色彩，因而触发情绪的产生（如看到熟悉的某人去世了，人的认知系统会自动评估这件事对自身产生的意义）。

2. 身体反应：身体自动反应是情绪的生理构成（如意识到死亡无力挽回时，人的神经系统觉醒度会降低，全身乏力，心跳频率变慢）。

3. 感受：人们体验到的主观感情（如对于某人死亡，人的身体和心里产生一系列反应，主观意识察觉到这些变化，把这些反应统称为"悲伤"）。

4. 表达：情绪通过面部和声音变化来表现出来，向周围人传达出自己对这一事件的看法和行动意向（如悲伤时会哭泣、紧皱眉头），当然，表达方式有共同处，也有独有的方式。

5. 行动的倾向：情绪会产生动机（如悲伤时会找人倾诉，愤怒时会吵架等）。

由此可知，情绪是由外部环境刺激到人本身后而产生的一系列的生理与心理的变化。在现实生活中，我们经常会顺嘴说"这段时间情绪很坏或很好"，事实上，情绪并无好坏之分，情绪本身也没有正负之分，但是情绪引发的行为则有好坏之分，情绪所引起的影响有好坏之分。也就是说，情绪具有两极性，一方面表现为肯定的和否定的对立性质，如满意和不满意、喜悦和悲伤、爱和憎等。另一方面则表现为积极的和消极的，即积极情绪与消极情绪。这也说明，消极情绪和积极情绪一样，都是我们对外界所产生感应的正常的一面，当它来临时，我们不要一味地排斥、摒弃它，而是学着去接纳它，并学着与它和解，这样才不至于使它们对我们造成负面的影响。比如你要求孩子在家做作业，而没一会儿，他就趁你不注意开始玩起游戏来。你无意中看到这一幕，顿时暴跳如雷，想过去呵斥一番。依心理学的角度分析，当一个人想要发怒时，你的另一个"自己"就会从你的身体中抽离出来，促使你去对孩子发怒。这时的你，就要学着与那一个"自己"去和解，告诉他："这样做并不能使问题得到解决呀！对孩子发怒，可能会使孩子干脆放弃学习呢！"然后再与他握手言和，达成一致的意义：与其发怒，不如学着去开导他。如此这样，你的怒气就会得以消除，然后还会认真地与孩子进行沟通，引导他主动投入到学习中去。

其实，坏情绪并不是我们的敌人，我们要学着友善地对待它，并与它和谐地相处，这样才不至于被它所掌控，做出不理智的行为。

朱晓是一家培训公司的网站编辑，每天的工作内容就是写稿发稿，最近的她总觉得工作异常枯燥，整个人心情都郁郁寡欢的，很不开心。于是便让学心理学的朋友刘清前来开导她。

刘清看着一脸愁苦的朱晓，对她说："请在本子上写下目前使你不开心的事情，或者使你产生负面情绪的事。"朱晓照做，十分认真地罗列了自己最近的烦恼：1. 工作乏味、枯燥，丝毫提不起兴趣。2. 感觉自己的生活过得寡淡，找不到生活的意义。她觉得这些烦恼不是靠她个人的力量就能够解决掉的。接下来，刘清又问她说："如果这些不好的情绪是你的朋友，你将会如何与它们对话呢？"朱晓说会以反抗或抗拒的态度对待它们，比如会假装让自己愉快起来，将这种不好的情绪压制下去。

刘清默不作声，只是微笑着让朱晓去思考另一个问题："这些情绪或者烦恼，对于你来说，有何意义呢？"朱晓想了一会儿说道："生命中的每个过程，所有的烦恼过后，都会让我得到历练，给我心灵以力量。"刘清点点头，说道："坏情绪本是我们生活的一部分，它就像感冒一样，时不时地会来打扰我们。我们若以压制或对抗的方法来对待它，它一定会在某一时刻进行反弹，给我们带来不可估量的伤害。而如若与它好好相处，以和善的态度去对待它，我们就不会痛苦了。当然了，一个人要想与自身的坏情绪好好相处，最先要了解它所带给我们的积极的一面，比如你觉得工作枯燥、乏味，但正是你在这种枯燥、乏味中的坚持，让你变得更有忍耐力。比如你觉得生活寡淡，无意义，正是因为这样的感觉，才让你能体味到因生活的变化而带给的幸福和快乐感，正是它们的存在，会让日后的你过得更有趣和幸福。学着去拥抱此时郁闷的自己吧，它会让你今后的脚步更有力量，提醒未来的自己更幸福！"

很多人在坏情绪来临时，都会像朱晓一样，想尽各种办法与其进行对抗。比如，在心中认为这样的自己很可恶，很丑陋，尽力地在外人面前保持自己的风度，尽量克制自己不发脾气，殊不知，这样刻意地压制，只会使自己内在崩溃，终有一天，它会找个缘由爆发出来，给自己带来更为可怕的后果。与其如此，不如学着去接纳它，承认坏情绪是我们生命不可分割的一部分，并找出它所带给我们的积极意义，然后以友善的态度去对待它，如此我们便可以安然平静地度过充满烦恼、痛苦的日子，进而慢慢地让自己变得强大起来。

遭遇不幸：与其抗拒，不如学着接纳

天有不测风云，人有旦夕祸福。生命似一场马拉松，每个人在过程中都会遇到这样或那样的不幸。面对这些，多数人都会选择抱怨、抗拒，觉得老天对自己如此不公。如果这样，只会将自己拖入长久的痛苦中无法自拔。当不幸降临，与其抗拒，不如先去承认事实已经如此，然后学着去接纳和拥抱痛苦，等消极的情绪一过，你便会发现自己变得更强大了。

刘冲在几个月前被查出自己有患胃癌的可能，医生告诉她当下的状况很危险。当时的她走出医院时，感觉整个人一瞬间崩溃了，支撑着自己的神经一下子就崩塌了，拖着酥软的身躯回到了家。从医院到家其实只有一小段路，但她却觉得自己走了很久。内心除了伤心，还有不肯相信，同时内心还有愤怒的质疑："为什么会是我？"

不相信，很痛苦，在三个月的时间里，她都是在这种状态中度过的。她曾向朋友倾诉："你知道吗？我在那种状态下，身边所有的亲人都在安慰自己说不要害怕，一定会没事的等等类似的话。但我本人的耳朵是被屏蔽的，根本听不进去，整个人好似与世人隔绝了一般。总觉得自己似一个人，处于黑暗之中，前面没有任何的光亮。"

带着"为何会发生在我身上，为什么是我？"的愤怒质疑，她找到了一个有名的中医询问医治的方法。她先向这位医生倾诉了自己内心的恐慌和痛苦，这位老中医从她愁苦的脸上读出了其内心的焦虑，便对她说："你的这种病就是心态出了问题，很多人都是被自己吓倒了，然后早早地放弃自己，结束了还可持续的生命。你现在想去上班就去上班，一切照常，只不过要有规律地按时吃饭，不要顾虑太多。"这位老中医的话让她开始思考，关于自己面对疾病的心态问题。在那么痛苦的坚持中，突然有一天她在思考与冥想阅读中领悟了："我要好好地接纳自己身上发生的一切，别人又不能替我，我与其每天在恐惧和慌乱中生活，不如开开心心地去面对。时间都是一样的，痛苦恐慌可以过一天，开心也是过一天，痛苦与恐慌不能解决任何问题，还不如好好珍惜剩下的时光，去做些自己想做的事情。不健康的胃是我身体的一部分，我应该好好地与它相处，好好地拥抱它，积极地去面对它。在我32岁的这一年，让我知道了自己的身体状况，而不是到后来才知道，这也是一种庆幸，这样就可以让我有时间将危险降到最低，也在另一方面让我更加珍爱生命。"

刘冲的这些话，字字都透着坚强，让人佩服她的坚持与开阔。

的确，当人遭遇不幸，恐惧、慌乱、痛苦、烦恼都是无法从根本上解决难题的，与其如此活活地折磨自己，不如学着与自己和解，与"不幸"的自己好好相处，拥抱不幸，将它们看成是丰富你生命的一种历练，这样你便可以安然且平静地穿越不幸。

作家史铁生大半生都在忍受病痛的折磨，他曾经在散文中写道："生病让人一步步懂得满足。发烧了，才知道不发烧的日子有多么地清爽。咳嗽了，才体会不咳嗽的嗓子多么安详。刚坐上轮椅时，我老想，不能直立行走岂不是把人的特点搞丢了？便觉天昏地暗。等又生出褥疮，一连数日只能歪七扭八地躺着，才看见端坐的日子其实多么地晴朗。后来又患尿毒症，经常昏昏然不能思想，就更加怀恋起往日的时光。终于醒悟：其实每时每刻我们都是幸运的，任何灾难面前都可能再加上一个'更'字。"他的这种对待灾难的态度，已经达到了一种境界。史铁生因为下肢瘫痪而长年依靠轮椅生活，这是他比常人的不幸之处。但正因为如此，他才比正常人更加深切地感受和意识到身体的存在。由于行动不便，因此外在社交也就更少，因此他才得以有更多的时间与自身相处。常年备受疾病的折磨而旷日持久地与死亡进行抗争，使他对生死的领悟达到了一般人所不能企及的深度。他曾经说过，当痛苦一天天地逼近，你唯一能做的就是臣服，无条件地接受，并且好好地拥抱那个痛苦的自己，如此才能做到：身苦，心不苦。

你的拧巴源于总在自己的世界里假装做"自己"

随着现代生活压力的增大，每个人都想获得他人的认可和肯定，于是我们总是违心地在他人面前扮做完美的人：明明我们不善交际，却要将自己装扮成光彩照人的样子，假装去与他人打成一片；明明自己不情愿，但为了扮演好老好人的形象，违心地答应别人的一些诉求；内心其实很痛苦，却要在脸上装出一副心情大好的样子……最终搞得自己身心疲惫，离真实的自己越来越远，内心也常在纠结、无奈中痛苦不堪。其实，这所有的拧巴、纠结源于你总在自己的世界里伪装真实的自己。

今年36岁的刘洋是上海一家大型企业的法律顾问，如今的他家庭和谐，事业有成，可他内心却感受不到丝毫的快乐。原来，他在单位是个老好人，是上司眼中踏实肯干，值得信赖的员工；在同事眼中，他是乐于助人，内心善良的合作伙伴；在下属眼中，他也是和蔼可亲的好领导。工作十几年了，刘洋一直都尽可能用百分之百的努力，试着给周围的人留下一个好印象。但实际上，他几乎是每时每刻都处于痛苦和纠结中的人。他无法独处，因独处时会感到致命的孤独，这份孤独感让他窒息，让他觉得生活没有任何意义。在这种精神的折磨下，刘洋患上了严重的神经衰弱，每天只能睡几个小时。无奈之下，他走进了心理咨询室。

他对心理师说出了他心中的苦闷："我最接受不了的就是拒绝别人后，别人对自己表现出的那种失落、绝望的样子。所以，无论在工作还是在生活中，我对其他领导和同事都是有求必应，我让他们高兴了，但却经常会让自己陷入绝望和无奈中。尤其是夜深人静的时候，我时常会感到孤独难耐，觉得周围没有任何一个可以说真心话的人……"对此，心理师说："这主要是因为你一直在否认那个孤独而不善交际的真实的自己，总觉得自己不应该是那个不完美的样子，并且，你脑海中有一个完美的自己，你一直期待是那个样子，然后就在现实中违背真实的自己，扮演那个自己心中幻想的'完美的样子'。"刘洋听后，点了点头，觉得心理师分析的正是内心深处那个"纠结"的自己。

接下来，心理师给刘洋开出了具体的治疗方案：去面对真实中的不完美的自己，并且为人做事都要依自己的心灵。刘洋依心理师的说法去做，他完全是凭借知觉和内心的真实感受去与人共处，他自如地选择，或者满足别人，或者拒绝别人，或者支配别人，或者顺应形势，他不再违心地去强颜欢笑，不再违心地参加自己厌烦的各种应酬……他所做的每一个行为都是自己内心发出的最为真实的声音。有意思的是，无论他如何去做，领导、同事、下属对他同样都有着极高的评价。这几天，他感到如释重负，感觉到了心灵真正的自由。此时的他也真切地感受到，以前的那种行为和状态是多么的糟糕。既然自己明明可以活得轻松和自由，却为何偏偏坠入地狱般的感觉而无法自拔。

在现实生活中，多数人都有着如刘洋一般的经历：为了获得外界的认可，违心地扮演和维持着一个"完美的形象"，违心地做一些自己并不愿意做的事。他内心深处，一直不愿意接受自己最真实的样子——充满孤独、自卑的内心，他渴望成为相反、完美的样子，他这样做，无非是想得到别人一句评价：那个人真不错。如此一来，他内心始终处于痛苦中，他的灵魂也扭曲了，生活也过得极其拧巴。

生活中，追求完美是人的一种心理特点，或者说是人的一种天性，按道理说，这并没有什么不好，人类也正是在这种追求中才不断地完善自己，创造出了这个五彩缤纷的世界。但是凡事都要适度，不要总是过于违背自己的本意，使心灵扭曲，否则，你会陷入无限的痛苦之中无法自拔。当然，要想拯救过于追求完美的自己，就要静下心来"重新审视自己，认识自己"，并开始学着接纳自己身上原来的"不完美"，你必须要承认自己身上的缺点，拥抱那个并不完美的自己，并活回自己本来的面目，让心灵得到自由的释放，让自己也获得轻松、快乐。

与"坏习惯"讲和，然后再改掉它

"本来计划好了每周要做五次运动，但一周过去了，计划还未实施一次。周末的时候，觉得自己本来超标的体重又增加了 3 斤，觉得懒惰的自己真像是个黑洞，可怕极了！"

"星期天本来答应上司要将市场报告写好，发到他邮箱的，可一上午过去了，自己竟然看了一上午的电影。到了下午，又开始不停地浏览购物网站，眼看天就要黑了，市场报告竟然一字还未写，心里开始不停地担忧明天如何跟上司交代，就这样，内心越是焦虑，越是一个字也写不出……一天过去了，内心充满了恐慌感和挫败感！"

"与丈夫说好了从此以后不再当着孩子的面吵架的，可是晚上看到丈夫回家将鞋子和袜子一团乱扔，顿时气不打一处来，对着屋里正在打游戏的老公一阵乱吼！孩子又一次被暴怒的我给吓哭了！"

生活中，我们因为缺乏自控力，似乎总是被坏习惯所掌控，给自己带来了诸多的烦恼和痛苦。当下很流行一句话，即败在不自律，赢在自控力，说的就是人们要通过强大的自控力去改变自己的坏习惯或坏行为，从而成就卓越的自己。意思是说，建议人们要用自身强大的自控力去改变自己身上的坏习惯。但实际上，要练就强大的自控力并非一件易事，这也并不是一种好的改掉坏习惯的方法。更何况，从心理学的角度分析，用自控力去强制自己改掉坏习惯，是一种与自我对抗的过程。但凡是与自我进行对抗的行为，都不能从根本上改变自己。要想真正地改变自我，就要学着从与自我和解的角度去着手，即先承认坏习惯是我们本身的一部分，学着接纳它，然后再慢慢地消除它。

武志红在《感谢自己的不完美》中提及："每个人做任何事情最终都是为了满足自己一些深层次的需要，每一个负面的、损害性的行为都有一个正面的动机。如果认真聆听我们内心的声音，你就会发现，生命中每一部分都是你的朋友，都是为了帮助你更好地生活。当你理解这一点时，你便会带着感激的心去面对你本来仇视的缺点和恶习，并将它们当成朋友一般来看待。这时，你就不会像对待敌人一般去击败它，而是去接纳它们、了解它们。这其实是你人格的一部分，或者说是你的一个'次人格'，当你这样去做时，这个次人格中所蕴含的能量便会被我们所接受，成为我们生命中的一部分。"也就是说，当我们将坏习惯当成朋友去接纳，然后认清楚它们对你或为你所带来的种种"危害"，然后使自己真正地屈从于正确的行为，从而慢慢地改掉你的坏习惯。

周薇是一家杂志社的编辑，她打算要在周末完成一篇稿子，否则周一就会打乱公司整体的杂志出版计划。但她却呆坐在电脑面前，脑子里面一片空白，一个字也写不出来。她一会儿打开游戏玩几局，一会儿一遍遍地刷新新闻网页。两个小时过去了，她开始强烈地谴责自己，发誓再也不做这些无聊的事情了。但过了一会儿，她刚写了几个字，又开始刷新娱乐新闻网站了。她觉得这样强制自己去写，到天黑可能也敲不出几个字。她打算换一种方法，让自己静下心来去写稿。她认识到，与其强迫自己，不如先让自己静下心来聆听自己内心的声音。这时她仿佛听到自己内心的"另一个自己"在大喊：你整天写稿件，生活过得如此枯燥、无味，你确实需要好好地休息和娱乐一下了。这时，她静下心来对自己说，我一定会去休息和娱乐，但必须要先将手头的工作做完才行。如此一来，她便发现那些让她分心的想法不再纠缠她了，与之抗争的"另一个自己"被她这话给"训服"了。在这样的状态下，周薇集中注意力，很快地完成了她的工作任务，将稿件发到主编的邮箱后，整个人感到从未有过的轻松。从此之后，每当她想拖延某件事的时候，便用这种方法来"与自己和解"，慢慢地，她的这种坏习惯便改掉了。

　　可见，面对自己的"坏习惯"，与其以胆怯、苦恼、愤怒等脆弱的一面对之采取无视或者排斥的态度，不如学着主动与其和解，将它看成是你人格的一部分，然后用内心的声音与其讲道理，平静地改掉自己的坏习惯，最终达成和解。

理性认识焦虑，并学会调节

生活中，焦虑也是一种消极的情绪。随着生活节奏的加快和压力的增大，越来越多的人总被焦虑所缠绕。面对焦虑，很多人都采取对抗的方式与它们相处，比如恨自己为何会如此沉不住气，在心中默念"让它过去吧，让它过去吧"等，这种对抗不仅无法驱赶，还会将你拖入焦虑的泥潭中无法自拔。

从心理学的角度，要想祛除焦虑，最好的办法便是理性地认识你的焦虑，然后试着与焦虑情绪握手言和。焦虑是人类与生俱来的一种情感体验，所以，生活中99%的人都会为了这样或那样的事情而焦虑。心理学家曾将人分为理智人、原始人和纯真人，而焦虑情绪的本质其实就是理智人和原始人发生冲突了。比如，工作中，你很渴望成功，但不顺利的现实将你的那种渴望压制住了，这时，你就会感到恐惧，进而变得焦虑不安。所以说，焦虑是一种极好的防御机制，它是在提醒你的现实生活出现了问题，仍然需要做出一定的改变才能让生活回归平常。所以，当你自身感到焦虑时，要学着以平和的态度拥抱它，学着与它和解，而不是一味地对抗，让自己越来越痛苦。

弗洛伊德在其著作《抑制、症状与焦虑》中，将焦虑情况分为三种，即现实焦虑、道德焦虑和神经焦虑。

1. 现实焦虑，指人类对现实世界中危险因素的恐惧。当我们担心外部世界会发生一些危险时，大脑就会给我们发出信号提醒我们，警惕我们，这个信号就是现实焦虑。比如，在很高的悬崖上行走时，你会感到担忧、害怕；一个人在家待着怕被盗窃；在陌生的城市突然没有安全感；在考试前的焦躁不安；向爱人表白前的焦虑不安；与陌生人见面前的种种担忧；面试前的忧虑等，都属于现实焦虑。

2. 道德焦虑，指一个人在做错事，或者自己认为自己做错事时，其内心就会产生内疚、羞愧以及自卑感。而焦虑是对来自自身良心的惩罚的恐惧。比如，我们会因为在上司面前说错话而忧虑不止；你对自己曾经做过的错事而羞愧难当；对自己内心的一些不道德的想法而焦躁不已等，都属于道德焦虑。

3. 神经焦虑，它是现实焦虑的升级版，但它藏得很深，我们难以意识得到。每个人都有对爱情、财富、成功、权力等有强烈的欲望，当这些欲望和恐惧被大量地释放时，很容易让我们濒临崩溃，此时，大脑所发出的信号就是神经焦虑。生活中，你会莫名地感到焦虑，但是你却找不到焦虑的源头，甚至根本不知道自己在焦虑什么。

认清楚了焦虑情绪的分类，你就可以根据自身的状况理性地分析出自己焦虑所产生的原因了，接下来，你就要认识到焦虑对我们自身并非毫无益处。丹麦哲学家克尔凯郭尔，一生都处于强烈冲突的"非此即彼""恐怖与颤栗"中而极度焦虑，但他却成了史上探讨焦虑第一人而且卓有成效。美国心理学家阿尔伯特·埃利斯，年轻的时候在多方面有严重焦虑，但他成功自救并发展出一套简单有效的心理治疗方法——理性情绪行为疗法。现实生活中，焦虑是一种极好的防御机制，它是对有问题的现实生活最好的警示，它提醒你要做出改变了。也就是说，当你意识到自己处于焦虑中的时候，别急着去否定它，当然也没必要肯定它，而只是去感受它。就像我们身体生病一样，只有接受这个生病的事实，然后搞清楚问题出自哪里，再对症下药才能解决病痛。在无条件接纳的前提下，对引起焦虑的认知进行自我对话，发现那些认知不合事实、不合逻辑、对自己有害无益等问题进行重新审视和思考，从而放弃原来的认知，从根本上消除焦虑。

消除焦虑后，若你的内心还是无法平静，那就试着用正念冥想的方法，让内心彻底回归平静。正念冥想的方法有很多种，比如数呼吸、观察自己的思维、步行冥想等。正念冥想是一种简单的行为练习法。具体步骤为：首先你可以选择自己觉得最舒服的坐姿；伸直脖子，让上半身成一条线；如果觉得闭上眼睛很舒服，那就闭上眼睛；让你的意念集中到呼吸，深呼吸到腹部，再呼出；不断地重复你的呼吸；如果精神分散了，不要紧，要集中注意力，再呼吸；慢慢地将你的注意力转移到自己的脚、小腿、手腕、腹部、背部、脖子、头部等。找出身体觉得稍微紧张、不适之处，并观察它，接纳它。反复感受它的存在，并均匀呼吸；再将注意力转移开来，轻轻地，回到呼吸上面；用呼吸清洗整个身体，从头到脚；每次呼吸都要尽力使内心恢复平静，更加深入；体验并感受这种轻松感；深深地轻呼气，再吐出；呼气，再渐渐地睁开双眼。如果坚持长期地练习，心态就会变好，焦虑的情绪便难以打扰到你了。

痛苦本身并不存在，是你看问题的角度制造了痛苦

生活中，每个人都曾体会过痛苦。从心理学的角度分析，痛苦本身并不存在，是因为我们看问题的角度制造了痛苦。比如，你失去一个亲人，这是痛苦吗？不是，这只是一个事实，围绕着这个事实所产生的情感体验才可能是痛苦。之所以说是"可能"，是因为失去一个亲人并不会必然带给一个人痛苦。比如古代的哲学家庄子，他在妻子逝世后鼓盆而歌，一边将瓦盆当鼓一边唱歌。友人惠施前来吊唁，看到庄子如此做很是不满，于是指责他说："你的妻子与你一同生活，为你抚育孩子，

如今老死，你不哭也就罢了反而鼓盆而歌，你太过分了吧？"

庄子回答说："不是这样。当她刚死的时候，我怎么能不悲伤呢？可是考察她的原先，本来是没有生命的，不仅没有生命而且还没有形体，不仅没有形体而且还没有气息。夹杂在恍恍惚惚的境域之中，变着变着有了气，气再变就有了形体，形体再变就有了生命，现在又变而为死，这就好像春夏秋冬四季更迭一样。人家现在已经静静地安息在天地这个大房屋里，而我却呜呜地围着她啼哭，我以为这是不通达天命，所以也就停止了哭泣。"这表达了庄子的生死观，认为生与死不过是气的聚散，是合乎自然规律的变化，因此不必悲伤。

同一件事情，不同的看法便产生了不同的情感体验，有的痛哭流涕，有的则击鼓当歌。真正使你痛苦的，并非事情本身，而是你看问题的角度制造了痛苦。所以，当你因为外界的原因而陷入痛苦时，要学着转变你看问题的角度。如果这个方法还是无法使你脱离痛苦，那不妨学着与痛苦握手言和。

一般情况下，我们在痛苦袭来时，都会采取麻木、逃避或者抗拒的态度，总之，我们会用各种办法去减轻内心的痛苦。但这样做，只会使痛苦的力量得以加强，不会减轻。正如德国哲学人埃克哈特·托利在其著作《当下的力量》中所说的那样："通常，当下所产生的痛苦都是对现状的抗拒，也就是无意识地去抗拒本然的某种形式。从思维的层面来说，这种抗拒以批判的形式存在；从情绪的层面来说，它又以负面情绪的形式显现。痛苦的程度取决于当下的抗拒程度以及对思维的认同程度。"根据托利的观点，人的痛苦，很大程度上源于对自己无法接受事物的抗拒而产生的，所以，要从根本上摆脱痛苦，就别以抗拒的态度去对待你无法接纳的人或事，而是要懂得接纳痛苦，并与它握手言和。

今年30岁的艾比上周刚经历了一场痛苦，她的外祖父去世了，沉浸在痛苦中的她还未缓过气来，她的外祖母也紧跟着离开了人世。艾比自小是被外祖母带大的，与她的感情颇深。记得她上班后挣的第一笔工资就是拿来为外祖母买了一件价格不菲的羊绒衫。这次外祖母的去世，对她的打击很深，她觉得世界上与自己最为亲近的人离自己而去了。

在被痛苦包围的日子里，艾比感到自己都快要窒息了。尤其是每天夜里醒来，想到死去的外祖母，她的心似被锥子一针针地扎着一般。每天似丢了魂似的，上班丝毫提不起精神来，业绩也下滑了许多，已经被领导约谈过很多次了，但她丝毫走不出痛苦的阴影。刚开始，她对痛苦持抗拒的态度，每天都告诫自己：不能再这样了，否则会把自己毁掉的。而且与人交流时，她都是强颜欢笑，努力不让别人看到她内心的悲伤。但痛苦却感觉没有削减。对此，闺密肖琳告诉她，刻意用自控力去压抑痛苦，不仅不能使其消减，而且还会使其变本加厉，让她学着运用平和的方法与痛苦握手言和。

果然，在接下来的时间，艾比开始学着与痛苦相处，一天上班后她腾出时间静下来，让所有难受的感觉慢慢地浸入她身体的每一个细胞，然后闭上眼睛用心地去觉察它、体验它。半个小时后，她便感觉到痛苦正从她的体内融解并转化，以平静结束。一周后，痛苦果然彻底从她体内消失了，而且以喜悦结束。自那之后，她知道那种失去亲人的痛苦再也不会以之前的方式出现了，因为她以冥想的方式彻底与它们达成了和解。

当你感到痛苦时，痛苦与你自然是一体的。如若以抗拒的态度去对待它，这个痛苦就会从你的人格中分裂出来，成为重要的"异己"，与你内心进行对抗，促使你陷入越来越深的痛苦中。

肯·威尔伯是美国著名的心理学家，他的妻子因患乳腺癌而去世。主要原因在于妻子在得知自己患了癌后，也意识到自身的愤怒情绪是导致她患癌的原因之一，自此之后，她一味地与愤怒对抗，试图去消灭愤怒，最终使"愤怒"的"异己"开始不停地与之对抗，最终导致癌症加剧。也就是说，当你试图去抗拒一种力量的时候，你的身体就会被分裂成两个"部分"，而且这两个部分会不停地打架、对抗、消耗，致使你陷入更为愤怒或痛苦的状态之中。由此可知，我们对待痛苦、愤怒等负面情绪，不要一味地与之抗拒，而应该以接纳的态度与其共存，然后在体验和感受中，慢慢地与之握手言和，从而使自己真正地从中得以解脱。

去除自卑感：一个人炫耀什么，说明其内心在意什么

每天刷朋友圈的人，可能都有类似的体验：谁谁正在某高档餐厅吃大餐，谁读了什么书，哪个朋友去哪里旅游了，哪位同学最近参加什么重量级的会议了……在朋友圈里，大家似乎都在向周围的人表明自己的生活过得有多好。但是，心理学上有一个论点是说，一个人炫耀什么，说明他内心缺少什么。从心理学的角度分析，一个人炫耀，是因为他曾经缺乏，而如今拥有，而且拥有之路来得有些艰辛，倘若不为人所知，锦衣夜行，哪里对得起自己曾经付出的种种辛酸呢？一个人在炫耀的同时，也表明了其内心是不够丰盈，因为自卑、脆弱，所以害怕别人看穿其内在，所以要以炫耀的方式向他人表明：我不缺这个，我拥有它们。对他们来说，这种方式似铜墙铁壁一般，能将自己内在的脆弱和自卑深深地禁锢和武装起来。

对此，亦舒说过这么一句话："真正有气质的淑女，从不炫耀她所拥有的一切，她不告诉人她读什么书，去过什么地方，有多少件衣裳，

买过什么珠宝，因为她没有自卑感。"这句话也向我们道出了这个至理：一个人炫耀什么，说明其内在自卑什么。

有一个故事是说，有一位看上去很普通的女作家被邀请参加笔会，坐在她身边的是一位匈牙利年轻的男作家。男作家看看身边这位衣着简朴，沉默寡言，态度谦虚的女人，并不知道她是谁，男作家认为她只不过是一个不入流的作家而已。于是，他有了一种居高临下的心态。

男作家主动上去搭讪："请问小姐，你是职业作家吗？"女士看到他，回答说："是的，先生。"男作家于是立马询问道："那么，你有什么大作发表吗？能否让我拜读一二部。"那位女士听到他的话，很淡然地说："我只是写写小说而已，谈不上什么大作。"男作家听到此处，心里面开始扬扬自得，更加证明了自己的判断。

男作家继续问道："你也是写小说的？那我们算是同行了，我已经出版了339部小说，请问你出版了几部？"女士听到他的问话，很镇定地说："我只写了一部。"男作家听到女士说只写了一部，有些鄙夷地问："噢，你只写了一部小说。那能否告诉我这部小说叫什么名字？"女作家平静地说："《飘》。"狂妄的男作家顿时目瞪口呆。女作家的名字叫玛格丽特·米切尔，她的一生只写了一部小说。

那位文中的男作家至今已经无法考证，但是从他高调炫耀的结果可能想到他当初的窘迫处境。从心理学的角度分析，他在炫耀自己作品多的同时，也表明了他内心很在乎自己的声望。而玛格丽特·米切尔因为充满了自信，所以她始终默不作声。在男作家询问时，当她说出"飘"那个字的时候，便可以想象出，之所以她如此的平静是因为已经有了强大的底牌在支撑着她，正如老子所言，"善者不辩，辩者不善。知者不博，博者不知"。

人的身体和灵魂都遵循能量守恒定律。生活中，当我们在向他人炫耀的时候，其内在的自卑、脆弱便会被我们压抑了，它终究要在身体的别处去找出口。所以，医学上曾指出，长期生活在压抑状态的人易生癌，这是身体灵魂压抑的某种抗议。从这个角度上讲，经常爱向他人炫耀的人，对自身的健康是无益的。要想使自己从"自卑（脆弱）—炫耀（张扬）—自卑（脆弱）"的恶性循环中解脱出来，我们就要学会与内在的自己和解。当我们因为某事或物而感到空虚或自卑时，我们与其去向外人炫耀，不如先去承认自身的不完美，承认自己在某件事或物面前是不自信的。问一问自己，为何会在他们面前自卑或脆弱，然后再静心地享受拥有或得到它们后的感觉，从而使自己的心灵获得丰盈和成长。慢慢地，你内心的自卑感便会消失，心灵也会变得有力量。

与压力和解：没有压力便没有动力

上天在给我们创造众多机会的同时，也给我们带来了更多的压力。在现代社会中，我们感到压力是无处不在的，它令我们焦虑、痛苦。很多人都会采取压制的态度对待压力，将它深埋于心底，默默承受，这不仅不利于自身的健康，而且从心理学的角度分析，一个人若被压力折磨得久了，总有一天其会以某种方式来一次喷井式的大爆发，可能会造成极严重的后果。为此，对待压力最好的办法便是学着与压力和解，学着接纳压力。

要做到这一点，你要认识到压力虽然是一种不好的心理体验，但同时它也是激发人斗志与内在激情的重要因素。如果在生活中，我们能够改变心态，将压力转化为能激发自身激情的内在动力的话，那么焦虑与痛苦便不存在了。

在非洲中部较为干旱的大草原上，生活着一种短翅膀、短脖子的巨蜂。这种蜂体形肥胖臃肿，但是它却能够在非洲的大草原上连续飞行约250千米，而且，飞行高度也是一般蜂类所不能及的。它们极为聪明，平时就藏在草丛中或者岩石的缝隙中，一旦有了食物后就会立即振翅飞起来。尤其是当它们发现生活的地区将面临极度干旱的时候，就会成群结队地迅速逃离，向一些水草丰盛的地方飞行。

科学家们将这种飞行本能极为强健的蜂称为"非洲蜂"，并对其充满了好奇。因为根据生物学家们的理论，这种体形肥胖臃肿而且翅膀短小的蜂的飞行本能应该是最差的，甚至连鸡、鸭都不如；用流体力学来分析的话，它们的身体与翅膀的比例根本不能够起飞，即便将它们扔到天空中去，它们的翅膀也不可能产生承载肥胖身体的浮力，会立即掉下来死掉。

但是，事实却证明，这种"非洲蜂"不仅能飞，而且还是蜂类动物中，飞行能力最为强健、飞得最远的物种之一。最终，哲学家对此给出了合理的解释：非洲蜂天资低劣，它们只有学会极为强健的飞行本领，才能够在气候极为恶劣的非洲大草原中生活下去。简单地说，非洲蜂如若不能飞行，它们面临的处境只有死路一条。

非洲蜂的故事告诉了我们什么叫作"置之死地而后生"。非洲蜂的飞行本领更让我们相信，在一个执着顽强的生命中，只有压力才能产生超强的能力。

科学家说，人在巨大的压力下，身体中会分泌出大量的肾上腺素，可以激发人无尽的潜能，可以促使人跑得更快，跳得更高，力量也会更强，从而做出惊人的壮举。当人处于顺境或轻松的情况下，是不可能突然爆发出这种惊人的潜能与做出惊人的成就的。所以，我们平时的很多成绩都是压力作用下产生的结果。

在工作中，在时间紧迫的情况下，面对着大堆的工作任务，我们常会为此焦虑、担忧。但是，如果你能够转变观念，合理地规划时间，这种压力也是可以转化为工作的积极性的。

李萍在一家著名杂志社工作，两年多来，工作还算是舒心，但是最让人心焦的就是每周的写作任务，必须要在一周内交出一定数量的稿子，这确实给她带来了巨大的精神压力。但是，后来她发现，这种压力竟然成了自己工作的动力。

在很多情况下，她自己觉得：在规定的时间内创造的效率比在自由散漫的情况下创造的效率要高得多。比如说，她本打算要用三天时间去完成一篇文章，在这期间，她可能会去查资料，搞写作，很是繁忙，但是最终写出来的也不一定能获得主编的认可。如果领导规定她必须要在一天时间内保质保量将文章交上去，否则将会被解雇。在这种情况下，压力尽管是巨大的，但她也能够写出一篇精品文章来，也无须去找资料，在极短的时间内反而能够激发出她的灵感。

很多时候，在"绝境"之中，效率反而要比以前提高很多。领导对她的要求高了，她的写作水平也自然提高了许多，先前的压力也自然就不存在了。

时间的紧迫原本给李萍带来了巨大的精神压力，但是，这种压力在她内心引起了波动，能够调集她脑海中所有的思想甚至潜意识的力量去完成工作任务，在这样的情况下，她的写作能力当然是要提高的了，这在心理学中被称为"最后通牒效应"。

其实，人都是有潜能的，只是在平常的情况下发挥不出来而已，如果你能利用工作中的压力将自己的潜能激发出来，那么，压力就会成为你工作中的动力。所以，当我们的生活或工作，因为压力而产生焦虑或痛苦的情绪时，一定要及时地更新观念，不要将压力仅仅看成是我们的仇人，将之看成是激发我们个人潜能的"恩人"，那么，压力就会迅速转化为你挑战自我的动力，最终让你以更为积极的心态去应对工作，最终做出惊人的壮举。

要知道，一个真正勇敢的人，是会时时接纳和拥抱压力的，他们会将压力看成是练就自身意志的机会，生活给我们的压力越大，就越能够激发出自身的潜能，练就自己的意志、品格、力量与决心，最终成为一个更为卓越的人。

身体的缺憾给生命以动力

在生活中，你是否会因为自己比别人矮而自卑？你是否为自己缺乏健美的身材而气愤不已？你还在因为自己某方面的缺憾而自怨自怜吗？……如果是的话，请不要以这种"抗拒"的心态对待你的生理缺憾，而学着去接纳它们。你的眼睛别总是盯着这些身体的缺憾带给你的消极影响，而是要将缺憾变成我们奋斗的动力。

小富兰克林·罗斯福天生口吃，说话断断续续且含糊不清，小罗斯福天生容易紧张，每当有人与他说话，他的脸上总是表现出极为惊恐的表情，而且全身不时地会发抖。

如他一样年龄的小朋友如果遇到这种情形，定会拒绝参加各种活动，可能也会离群索居，不会与他人交往，只会顾影自怜，唉声叹气。然而，小罗斯福却并没有这样做，虽然天生容易紧张，但是他能够积极地面对人群，即便是同伴们嘲笑他，他也会不以为然。每次在紧张时，会坚定地对自己说："只要我用力地咬紧牙关，努力不颤动，不久我就能克服紧张的情绪了！"

小小年纪的罗斯福，每天总能够坚定地告诉自己说："这些缺陷算不了什么，咬咬牙努力克服，就能收获生命的精彩！"每当看到其他的小朋友活力十足地参与各种公共活动时，他都要强迫自己参加，无论自己的口吃会招致多少人的反感！当恐惧产生时，他都会对自己说："我一定能行！"渐渐地，他克服了自己的这些生理缺陷，并且凭着他对自己的这种奋斗精神与自信，最终成为美国第32任总统。

对此，他说："交朋友与一件极为快乐的事情，只要我用快乐的态度与人交往，即便本身的外在形貌再差，人们也仍然会愿意与我交往的。因为每个人都喜欢快乐，不是吗？"

面对生理上的缺陷，罗斯福并没有陷入悲伤之中，而是学着拥抱它们，并将它们转化为生命前进的动力，最终收获了成功和快乐的阳光。所以，我们不要因为身上的缺陷而自暴自弃、悲观厌世，因为除了你自己，没有人会刻意注意你的缺陷，只要让心中充满自信，一样能够获得精神上的自由与快乐。

如果面对这些先天的缺陷，你还认为自己很不幸，那就再想想海伦·凯勒的人生经历吧！又有谁能比一个又聋又哑又瞎的女孩更为不幸呢？在不幸面前，她没有气馁，更没有悲观，而是利用自己有限的资源，最终成为美国著名的作家。如果你觉得那些名人还不够使自己得到安慰，那么就看看下面这个平凡的故事吧！

有一对盲人夫妇，他们都是在两三岁时，因为患天花而致盲的。小时候，他们俩都因为不能像正常人一样看到五彩缤纷的世界而自卑，他们虽然有眼睛，却看不到这个美丽的世界带给他们的快乐，这是多么令人遗憾的事情啊！但是，他们却没有因此而郁郁寡欢，消极地面对人生。从小就喜欢唱歌的他们，经常用歌喉来歌颂美好的生活。当他们到10岁左右的时候，就开始学习乐器，参加了一个工厂的宣传队演出。

在当地，他们的演唱十分有名气，后来他们就走到了一起，而他们还是在用歌声来讴歌美好的生活，歌颂身边的好人好事，还经常在电台中向人们展示他们美妙的歌声。两个盲人都精通各种乐器，他们一边弹奏乐器，一边演唱，并积极参加各种比赛，还得过许多奖。他们将这种生理上的缺憾变成了前进的动力，他们的生命也散发出熠熠的光辉……

其实，面对缺憾，我们能做的，就是坦然接纳。即使我们暴躁地摔东西，那也是于事无补，伤痕并不能自动愈合。但是，你的生活却并不会因为这些遗憾的存在而消失，只要你愿意，你随时可以发现，它们就在身边。别人怎么看自己不重要，重要的是自己敢于接受曾经的痛苦，这样你才能重新找到快乐，甚至扭转别人对你的看法。

如果你真的难于走出困境，那么你不妨求助于朋友或心理医师。失意的时候，人最需要的就是开导。朋友、家人温馨的话，会让你平复心海浊浪，淡化你失意的烦恼。不过，别人的开导只是辅助的，真正达到心平气和还需要我们进行自我调整。最重要的，还是坦诚面对伤痕，敢于接受曾经的伤痛，这样，生活的阳光才能照进心田。

接纳折磨你的人，他们是你成长的巨大助力

在生活中，每个人都曾遇到过别人的折磨：上司的百般刁难、同事的冷嘲热讽、朋友的风言风语……一些人总对这些折磨心存怨恨，最终苦的却是自己的心。而另一些人却学着去接纳它们，在心里与它们和解，他们能够淡定地看待这些所谓的刁难、责怪等，并时时督促自己不断上进，最终成就了卓越的自己。

成功学大师卡耐基说："一个人在饱受折磨的背后隐藏着未来的成

功，折磨也是人生所需要的，它和成功一样有价值。"一位哲人也说过，任何的学习，都比不上一个人在受到屈辱和折磨时学得迅速、深刻和持久，因为它能使人更深入地了解社会，接触社会现实，使个人得到提升与锻炼，从而为自己铺就一条成功之路。如此说来，当我们在生活中遭受到批评、抱怨时，不但不要消极抱怨，以牙还牙，相反我们还要感激那些折磨过我们的人。正是因为他们的存在，才使得我们的生命充满了机遇和挑战，充满了转折和收获。如果你能够以感激的心态去对待那些折磨过你的人，那么，你就不再是一个悲观消极、面对苦难掩面而泣的人，而将成长为一个无往不胜的勇士。

美国独立企业联盟主席杰克·佛雷斯，他从 13 岁开始就在一家私人加油站工作。佛雷斯刚开始想学修车，但是店老板只让他在前台接待顾客，打打杂。

老板是个极为苛刻的人，每次都不让小佛雷斯闲着。每当有汽车开进来时，都会让他去检查汽车的油量、蓄电池、传动带和水箱等。随后，老板又会让他去帮助顾客擦车身、挡风玻璃上的污渍。有一段时间，每周都有一位老太太开着她的车来清洗和打蜡。这个车的车内踏板凹得很深，很难打扫，而且这位老太太极难说话。每次当佛雷斯给她把车清洗好后，她都要再仔细检查一遍，让佛雷斯重新打扫，直到清除掉车上的每一缕棉绒和灰尘，她才会满意。

终于有一次，小佛雷斯忍无可忍，不愿意再伺候她了。店老板却在一旁厉声斥责他说："你不愿干就赶快滚，这个月领不到任何报酬，你自己看着办吧！"小佛雷斯心中很是痛苦，回家后就将事情告诉了父亲，父亲却笑着告诉他："好孩子，你要记住，这是你的工作责任，不管顾客与老板说什么，你都要尽力做好你的工作，这会成为你的一笔人生财富。"

在以后的日子中，小佛雷斯谨记父亲的话，不管老板与顾客再刁难他，他都会以微笑视之，并努力将事情做好。几年后，佛雷斯就凭借自己的各种基本洗车技术以及其在顾客中的良好表现，开起了自己的店面，并最终取得了成功。

其实，佛雷斯的成功与他懂得感激那些折磨自己的人有着极大的关系。"吃一堑，长一智"，那些让你吃一堑的人正是给你一智的客观条件。你为什么不对其心存感激呢？学会接纳并感谢折磨你的人，就注定了你与成功结缘。

在生活中，你是否有这样的感受：你有一个很差劲的上司，你往往会因为他的一句批评或对你的错怪误解，就让你萌生了要去成功的念头；你的父母可能因为不够关心你而与你之间产生了隔阂，你会因为他们的一句批评从而萌生了要出去做一番事业的念头；从心理学上来说，当你受到打击超过了你心灵所能承受的限度的时候，就可以爆发出一种力量，这股力量会驱使你要向他们证明，你能够成功，你可以做出个样子给他们看。所以说，这个世界上比经受折磨还痛苦的事情就是从来没有被人折磨过。

生活中，每个人几乎每天都会受到折磨，而每一次折磨都代表你又要进步了，所以，我们要对那些折磨我们的人心存感激，因为他们让你能够时刻检讨自己，哪些地方做得不好，哪些地方需要改进，让自己变得更坚强，更优秀。如果说，对你好的人是在"帮助你成功"，那么，折磨你的人则是在"逼迫你成功"。为此，从现在起，我们就应该时刻对折磨你的人心存感激，他让你能够得到更为迅捷的发展速度，只有这样，我们才能在折磨中体会到一种幸运和满足，才会变得更为鲜活、温馨和动人。

面对误解，与其让自己纠结，不如学着信任

人与人之间的不和谐，很多时候都源于误解。比如你一句无心的话，却遭到了朋友对你人格的质疑；你因晚上应酬回去晚了，却会受到妻子的责问；你本来是好心想帮同事完成工作任务，却让他误会你要与他抢功劳……因为有误解，所以摩擦、矛盾便不断滋生，烦恼也如期而至。

面对误解，与其让自己在痛苦、烦恼中煎熬，不如学着以释然的态度去信任对方，获得轻松。比如说，你受到了朋友的误解，近段时间常处于纠结中，与其如此让自己痛苦，不如学着接纳这种误解，让自己相信，你们的友谊之树是经得起这些误解的风雨的，如此才能让自己更为释然地再去面对朋友；而相对于那位误解你的朋友来说，如果他也始终相信你对他并没有坏心，这样他也可以从纠结中解脱。可以说，理解、信任是消除人与人之间误解的最佳良方。

一次，孔子与众弟子在周游列国时，被困在了陈国与蔡国之间。已经七天了，他们没有找到任何食物。孔子和弟子们只好饿着肚子，饥肠辘辘，有的弟子，心中因此而忧心忡忡。而孔子则每日依旧平静地坚持学习，弦歌不绝，没有表现出丝毫的不满与担心。

子贡见同学们如此饥饿困顿，便用自己身上的财物，突破重围，到外面换了少许的米回来，希望能用来救急。但是人多米少，颜回与子路便找了一口大锅，在一间破屋子里面，开始为大家熬稀粥。其间，子路因事离开，恰好此时的子贡经过，看到颜回拿着小勺往嘴里边送粥。子贡心里极不高兴，但他没有上前去质问颜回，而是走到了孔子的房间。

子贡见了孔子，行礼之后，问道："仁人廉士，穷改节乎？"

孔子回答道："改节，即何称于仁廉哉？"意思是说，如果在穷困的时候就改变了气节，那怎么能算得上是仁人廉士呢？

子贡接着又问："像颜回这样的人，该不会改变他的气节吧？"

孔子则坚定地回答子贡说："当然不会。"

于是，子贡便将看到颜回偷偷吃粥的事情，告诉了孔子。

孔子听后，并没有感到惊讶，说道："我相信颜回的人品，虽然你这么说，但我还是不能因为这一件事情便怀疑他，可能其中有什么缘故吧，你不要讲了，我先问问他。"

孔子召了颜回来，对他说道："我前几天梦到了自己的祖先，想必是要护佑我们吧，粥做好了之后，我准备先祭祀祖先。"

颜回听了，马上恭敬地对孔子说道："夫子，这粥已经不能用来祭祀祖先了。"

孔子问道："为什么呢？"

颜回答道："学生刚才在煮粥的时候，粥的热气散到了屋顶，屋顶被熏后，掉了一小块黑色的尘土到粥里面。它在粥里，粥便不干净了，学生便用勺子舀起来，要将它倒掉，又觉得可惜，于是便吃了它。吃过的粥再来祭祀祖先，是不恭敬的啊！"

孔子听后说："原来如此，如果是我，那我也一样会吃了它的。"

颜回退出之后，孔子回头对几位在场的弟子说道："我对颜回的信任，是不用等到今天才来证实的。"几位弟子由此受到了深刻的教育，非常佩服。

这个故事已经为我们解决了关于误解的难题，那便是信任。生活中，如果我们始终相信朋友是值得信赖的，情侣间如果相信你们彼此是真心相爱的，如果每个人在对某人某事做出判断时，给自己留一个

"信任"的前提去求得真相，那么冲动、愤怒、误解便不可能绑架我们的心。但很多时候，我们宁愿做情绪的奴隶，也不愿意成为信任的主人。

大多数的时候，人们都不可能像故事中的人一样，有机会为你道出真相，有些真相说出来也未必能够被理解。如果你还未了解，请给予别人理解，如果不能理解，请至少保持沉默。少说一句，便可以减少一次误会与是非的轮回。

有一句俗语是说，眼见不一定为真。很多事情并不是你看到的那样，也并非你想的那样。如果你真的关心那些人与事，用心关注和守候，比你因猜忌而使自己愤怒要强。对于那些并没有完整经历过的事情，没有完全了解过的因果，没有完全理解和包容过的人与事，如果你还做不到完全的信任，那么请保留自己的意见。当你想对一些事情持以否定的态度的时候，请告诉自己：与其否定，不如祝福。

心理学家指出，习惯于否定的人，总是置自己于烦恼和痛苦之中。与其如此，不如默默地为你眼前所发生的事件祝福，一切便都会美好起来。

这个世界已经被太多的是非、误会、恩怨所充斥，即便无事，也要生事。希望我们不要在恍然大悟之后，追悔莫及。减少误会、是非、恩怨的蔓延，减少自我的烦恼、痛苦和盲目。眼睛为心灵之窗，让我们用这双明亮的眼睛时刻关注自己的心灵成长，时时祝福外面的世界越来越美好！

换位思考，让心情变美好

很多时候，我们焦虑、痛苦、愤怒往往不是源于问题本身，而是因为我们过度坚持自己对问题的看法而产生的。不同的人在看待事情时的角度也往往呈现出截然不同的模样，你是否能站在他人的视角上对自我观点、自我做法进行审视，是你能否有效地回避痛苦、减少挫折的有效方法。

今年 14 岁的凯瑞问老师："我如何才能成为一个能让自己愉快，也能带给别人快乐的人呢？"

"第一是要把自己当成别人！这样当你欣喜若狂时，把自己当成别人，那些狂喜也会变得平和一些！"老师接着说，"把别人当成自己！这样就可以真正同情别人的不幸，理解别人的需要，而且在别人需要帮助的时候给予最恰当的帮助。最后一句，把别人当成别人，即充分尊重每个人的独立性，在任何情形下都不要侵犯他人的核心领地。"

这个对话提示了人对自己的认识过程，是一个从自我本位向他人本位转移的过程，而且实现这一过程需要的条件就是换位思考。其实，所谓的换位思考，就是从对方的立场和角度去考虑问题。在现实生活中，需要我们换位思考的问题比比皆是，家长与老师、老师与学生、批评者与被批评者、上级与下级、干部与群众等。如果你凡事都能换位思考，站在他人的位置上考虑问题、处理事情、解决矛盾，那么，你与他人之间便会多一份和谐，少一份气愤。

换位思考是人类经过长期博弈，付出惨重代价后总结出的黄金法则。没有人是一座孤岛，社会是一个利益共同体。我们不能用自己的左手去伤右手，我们是同一棵树上的叶和果。克鲁泡特金在《互助论》中证明：只有互助性强的生物群才能生存，对人类而言，换位思考是互助的前提。

一位哲人说，大部分时间里，人与人之间的争吵，完全是可以避免的，其万能的法宝就是学会换位思考，让自己经常站在他人的角度去想一想。在我们的日常生活与工作中，难免会遇到意见不同甚至对立的一面，双方应本着商量与探讨的原则去解决问题，唯有如此，才能让误会与憎恨减少。

1. 拥有辨别对错、是非的能力

要进行换位思考，首先要拥有辨别对错、是非的能力。不同的环境、人生观与不同的思维方式甚至于不同的身份之下，都决定了个人思考角度的不同。要想在纷繁复杂的社会中让自己进行准确的换位思考，首先一定要提升个人能力，让自己拥有对与错、是与非的辨别能力，唯有如此，个人才能在进行换位思考时，不至于让自己被各类情绪所影响。

2. 先冷静，再换位

进行正常思考的前提是让自己清醒和冷静下来，而换位思考并非在任何一种环境下都能够做到。在正常的情况下，一旦受到他人的观点、看法的冲击，人很容易被情感冲昏头脑。为了达到自己所期望的状态，往往会过度坚持自己的意见——哪怕这种意见本身是错误的。

3. 认识到自我思维的局限性

所谓的换位思考，即主观地站在对立面的角度去考虑、发现问题或者观点的正确性，避免因为考虑问题的主观性，使自己的观点缺乏客观的普遍性，产生片面的结果或者决策。在思维的主观与客观间，你应该明确地认识到自我思维拥有片面、独断的特点，可能自己的某些想法与思维还存在着不具备现实可行性的思维方式，而换位思考则可以使你观点中的主观性进一步淡化，令你在考虑他人的看法时，进一步全面认识自我观点，使其更容易被普遍接受。

4. 换位思考并非代表全盘接受他人的观点

当你利用自身智慧与常识发现对方的观点是错误的时候，你完全可以坦然告之，而当你站在对方的立场上考虑问题，并发现对方的观点存在合理性后，再通过这些观点进行整合，则更有利于你获得全面的观点。当你不断地与他人进行观点交换时，你的观点会日趋成熟、日益具备客观性，别人也会更容易接受你的观点。

第四章 | 与别人较劲儿，就是和自己过不去
——放弃狭隘，为自己的心灵让路

　　生活中，与人发生矛盾和冲突，本想着拿"生气"让别人过不去，而致使自己的心情陷入一团糟糕的状态，其实是与自己过不去。就像你内心充满怒气，就用脚去踢石头，最终疼的却是自己的脚。所以，很多时候，与别人较劲儿，就是和自己过不去。一个人的心结如果打不开，最终也只会苦了自己，害了自己。心结会产生心魔，在束缚自己与折磨自己的同时，还会波及别人。俗话说，心病还需心药医，解开心结的药就在自己的心里，放过自己，遇到不开心的事情时，学着与内在的自己和解，舒缓情绪，是对自我最大的爱。

心灵的"戾气"，是智慧不够的产物

汪曾祺说，一些人，看到他头上就像是笼罩着一团乌云，那人心里一定有着极重的"戾气"。的确，心中戾气重的人，很容易生气、动怒，这样的人，实则是缺乏智慧的表现。生活中，我们可能都有这样的体验：阅历越深对人与事便会越宽容，这其实是对自我的一种接纳，所以，很多时候，一个人心灵中长出的"戾气"，恰恰彰显了其人生的短板。

一天，周勃和几个朋友七嘴八舌地在谈论一位邻居的坏脾气，周勃说，他那个人你们还真不了解，动不动就给人脸色，发起火来能把整个村给点了。这话恰巧被那位邻居听到了，不禁怒火中烧，二话没说，上去按住周勃就是一顿暴打，并且嘴里还质问周勃说："我的脾气真像你说的那么坏吗？就会在背后说人闲话，真是小人一个。"这时候，一位旁观者站起来说，你上去不分青红皂白就把人家给暴打一顿，难道人家说的有错吗？这位邻居听罢，顿时哑口无声，灰溜溜地走开了。

这虽然是一则笑话，但是却说明，人的坏情绪，完全是智慧不够的产物。因为智慧不够，所以对周围的世界与事物看不透，分不清，所以，极容易生出怨气和怒气来，长此以往，心灵的戾气便产生了。一个真正富有智慧的人，内在思想是丰盈的，其对这个世界，对社会，对人生已经有了一套比较完整的看法，所以，无论在何人与何事面前都会保持淡定和淡然。同时，他们无论在任何情况下，都会转变心态，获得快乐。

有一位中国妇人在美国纽约一条街市上卖果蔬，因为她做人极为厚道，不管面对怎样刁难的顾客，她都能和颜悦色对待。另外，她的菜十分新鲜，所以，生意总是特别好。这让与她相邻摊位的小商贩很不满意。他们在扫地的时候，总会有意地将垃圾扫到她的店门口。但是，这位中国妇人并没有去过多的计较，而且每次还会把垃圾扫到角落中堆起来，然后又将店门口清扫得干干净净。

后来，周围有一位好心的人就忍不住问她："周围所有的人都将垃圾扫到你家大门口，你为什么一点也不生气呢?"中国妇人却笑着回答道："在我们国家，过年的时候大家都会把垃圾往家中扫，因为垃圾就代表财富，垃圾越多，就代表你来年赚很多钱。现在每天都会有人将垃圾送到我这儿来，我感谢他们还来不及呢!这也代表我的财运会很好，我是不会埋怨他们的。"

后来，中国妇人每天都会在清扫垃圾的过程中，将有用的收起来，变废为宝，为自己带来了一些额外收入。

面对他人不礼貌的行为，许多人都会生气，会由此与他人大动干戈，但是这位妇人却能及时地转换自己的心态，欣然接受，并将之变废为宝，为自己赢得了财富。由此可见，一个富有智慧的人，因为有厚实的内在知识做支撑，就不会在乎有多少人冒犯他，更不会在乎有多少人误解他，更不在乎外界世俗偏见对他的评价，因为他的内心本身就是一个完美的世界，为此他不会色厉内荏，外强中干。他们对自己和周围的事物有着极为强大的信念，这种信念让他能够坚持自我原则，和谐地与社会万物相处。

一个富有智慧的人，其内心是强大的，其有开放的意识与开放的心态，对于任何不同的声音，他都能够认真听进去，然后能用自己的逻辑、常理、经验以及科学的方法去检验，所以他们对于他人冒犯性的行为和话语不会轻易发怒，而是会理智且和谐地解决与他人的冲突和矛盾。

所以，如果你是一个爱生气，易发怒且想改掉这些坏毛病的人，请先去充实自己的大脑，丰盈自己的内心，增添自己的智慧吧！

学会"饶"过自己，不与自己较劲儿

有个寓言故事，说一只小猫照镜子时，看见里面也有一只和自己一样的小猫，很是生气。于是它就向镜子里的猫龇牙咧嘴装怪相，没想到镜子里的猫也龇牙咧嘴装怪相；小猫很生气，于是便摆出一副准备打架的姿势，镜子里的猫也做出同样的动作。正在闹得不可开交时老猫回来了，看见小猫的样子，就对小猫说，如果你对那个猫笑一笑，看看它会怎样？于是小猫就向镜子里的猫微笑起来，而镜子里的猫也朝它微笑起来。

其实，生活中很多的不快，都是在与自己的镜像较劲儿。纵观我们周围，不少人时不时地会与自己过不去，如"究竟我哪里做错了，他才会选择离开我？""我哪儿做错了，导致他们在背后这么说我？"等，这无异于自寻烦恼。

夏奈尔曾和欧洲的贵族威斯敏斯特公爵相爱。他们两情相悦的时候，公爵赠送给她大量的珠宝，她在公爵的资助下开了第一家衣帽店，又开了时装店。后来，公爵移情别恋，她依旧经营着她的衣帽店。她说"世上有很多公爵夫人，可夏奈尔只有一个"。她一生大起大落，男人们一个一个爱上她，又一个一个离开她，但是她从来没有放弃过追求，用毕生的精力来打造她的时尚王国。

夏奈尔是聪明女人的典范，因为她不和自己较劲儿。你说过如何如何爱我的，一眨眼你就移情别恋了。一般的女人，最起码要问个为什么：为什么要离开我？我哪里做错了？我们难道真的不能回到从前了吗？说着说着就觉得自己委屈，就和自己较上劲儿了。

和自己较劲儿，有时能激发你内心的潜能，助你达成目标。但不要过于较真儿，因为我们每个人都不可能在所有的事上做得比其他任何人都好。所以，有时候你需要淡定地去面对这一切。

兰兰每天早晨有跑步的习惯。一天，她同往常一样开始晨练，这时她发现有一人从她身后追了上来，轻松地超过她朝前跑去。很快兰兰就被落在后面。顿时，她心底不服输的精神涌了上来，于是她加快速度，想超越前面的那个人。可这个男人的速度确实很快，兰兰追不上他。当兰兰环顾四周的时候，她才发现，原来比她跑得快的人到处都是。而且，无论她多努力地训练提高，总还是有比她跑得更快的人。

这个事实让兰兰痛苦了一阵，不过很快她就觉得自己得到了释怀。毕竟就算她成不了最好的跑步者，但她可以享受到跑步的乐趣，这就够了。

在激烈的竞争中，我们也许不能成为最好的那个。但是，我们可以把事情力所能及地做到最好。所以，每个人都要学会做生活的智者，知道自己该干什么和不该干什么，知道什么事情应该认真，什么事情可以不屑一顾，这样才不至于给自己招来一些莫须有的烦恼和痛苦。

当然了，在生活中要使自己保持心平气和的状态，你需要提升以下两方面的素养：

1. 学会"退一步想"。生活中没有那么多大的原则问题，在不少事情上，都是既可这样，也可那样。所以，适时地善待自己。

2. 不要过于较真儿，与人相处需要的不是"明察秋毫"，事事较真儿，而是互相谅解，彼此包容。

别总拿他人的言行来烦恼自我

心是一切的产物，生活中我们常说某人或某事使我烦恼、气愤、痛苦，实际上，某人或某事并不能使你烦恼，而是你总拿他们来烦恼自我。因别人的言行而生气，就是拿别人的错误来惩罚自我，这是一种极傻的行为。

关于生气，有这样一个故事：

有一位妇人，特别喜欢为一些琐碎的小事生气。她也知道自己这样不好，便去求一位智者为自己解答疑惑，开阔心胸。智者听了她的讲述，一言不发地把她领到一座禅房中，落锁而去。

妇人为此气得跳脚大骂。骂了许久，智者也不理会。妇人又开始哀求，智者仍置若罔闻。妇人终于沉默了。智者来到门外，问她："你还生气吗？"

妇人说："我只为我自己生气，我怎么会到这地方来受这份罪。"

"连自己都不原谅的人怎么能心如止水？"智者拂袖而去。过了一会儿，智者又问她："还生气吗？"

"不生气了。"妇人说。

"为什么？"

"气也没有办法呀。"

"你的气并未消逝，还压在心里，爆发后将会更加剧烈。"智者又离开了。

智者第三次来到门前，妇人告诉他："我不生气了，因为不值得气。"

"还知道值不值得，可见心中还有衡量，还是有气根。"智者笑道。

当智者的身影迎着夕阳立在门外时，妇人问智者："大师，什么是气？"

智者就将手中的茶水倾洒于地。妇人视之良久，顿悟。叩谢而去。

生活中，我们切勿再为了一些小事而生气。当你因为一些事情想要生气的时候，不妨选择暂时离开，找个清静的地方，让自己的内心平静下来。想一想，何必因为别人的错误而折磨自己呢？

一天，一个小混混经过一座寺庙，看到里面烧得兴旺的香火，很不服气。于是就怒气冲冲地闯到方丈的禅房里，发泄自己的不满。

方丈见状并不生气，只是微笑着，默默地由他无理胡骂后，温和地对他说："你的家里也偶然会有访客吧！"

"当然有了，你何必问此！"

"那个时候，偶尔你也会款待客人吧？"

"那是当然的了！"

"假如那个时候，访客不接受你的款待，那么，这些菜肴应该归于谁呢？"

"要是他不吃的话，那些菜肴只好再归于我！"

方丈看着他，又说道："你今天在我的面前说了很多坏话，但是我并不接受它，所以，你的无理胡骂，那是归于你，还是归于我呢？如果我被谩骂，而再以恶语相向时，就有如主客一起用餐一样，因此我不接受这个菜肴。"

然后，方丈颇为温和地说道："对愤怒的人，以愤怒还之，是一件不应该的事。对愤怒的人，不以愤怒还之的人，将得到两个胜利。知道他人的愤怒，而以正念镇静自己的人，不但能胜于自己，还能胜于他人。"

小混混听罢，顿时彻悟，随即礼貌地离开。

看看吧，"气"是别人不要而扔给你的东西，你若接纳它，则会被它所折磨；你若无视它，便不会被它所缠绕。生活中，你还会为别人的错误而接受惩罚吗？人在不顺利的情况下，能够做到心平气和地不发怒，是一种生活的智慧。

"我真的会被他气死！""这件事情快气死我了！"……类似的话我们经常听到。的确，多数人都无法逃避生气，但是，我们在生气的时候，一定要告诫自己：你是拿别人的错误在折磨自己，那该是一种多傻的行为。这样，就能让坏情绪得以合理地宣泄出去，化愤怒为力量，使自己走出阴影，愉快地投入工作和生活。

守住自己的原则，就没人能伤得到你

生活中，我们多数人生闷气、闲气，并不是因为生活中遇到不幸的事件、不如意的事情，更多时候都是人的主观意识在作怪。别人讲了我的坏话，我若不去计较它，就不会生气；受到上司的批评，如若不将它放在心上，就自然不会有怒气；与同事发生摩擦，我若能谅解他，自然也不会有怨气……凡此种种，对于不愉快的事，你若能守住自己的内心，不将之放在心上，就自然不会有气。其实，还可以说，"生气"也是对自我的一种折磨，你若不在意，就没人能真正地伤害到你。

珍维斯是个易怒者，每天都会因为生活中一些无关紧要的小事而愁眉不展、郁郁寡欢，他的妻子想劝解、开导他，可经常迎来的却是一通的牢骚，说自己的不快乐、不高兴都是因为外人所带来的。比如，被单位的领导训斥，被同职能的同事排挤，被朋友误会，被人指手画脚，被人说三道四，被人恶意欺侮，被人无意地伤害……一次，妻子对他无休止的抱怨忍受不了，便随手从桌上拿来一个不倒翁，前后摇动了几下，便问道："不倒翁为何不倒下去？"

珍维斯愣住了，便回答说："那应该是一个深奥的物理学原理！"妻子说，我们可以用人生的道理来思考这个问题。不倒翁那个远远超过外壳全重的底心，让它的身体不管如何飘摇都可以稳稳地归位。你若按它，它顺势而倒，你抬起，他却顺势而起。你按得越是用力，它起得越是迅猛。你拿它无可奈何，你攻击它，到头来那个恼羞成怒、气急败坏的反而是你自己。接着，妻子又对珍维斯说，这就如我们做人一般，身为社会的一分子，我们身边围着各种光怪陆离的现象，就好似被一群孩童围在中心的玩偶，无数只手伸过来想按倒你、逗弄你、取笑你，甚至就想破坏你。无论你扮演怎样的角色，在怎样的环境下，都会觉得委屈和无助。我们会被领导训斥、被同事排挤、被朋友误会，甚至还会被人指手画脚、说三道四，被恶意欺侮、无意伤害……如果你不能捂住别人的嘴，捆住别人的手脚，禁锢别人的大脑，那么你就要做出选择：你可以选择做一个美丽漂亮却脆弱无比的芭比娃娃，结果可能是你很快被"玩童"们拆了个七零八落。你也可以选择做一个看上去平凡无奇却无比强大的不倒翁，结果可能是你永远站在你的位置，而"玩童"们被你"折磨"得发疯，或垂头丧气，或索然无味，或心悦诚服地散去，给你一片自由的天地。

听了妻子的话，珍维斯若有所思，他知道，自己要想做一个不倒翁，首先就要懂得坚守自己的原则、立场，守住自己的内心和位置，不轻易被外界的一切事与物所侵扰。

不倒翁用一个"重心"便可以使自己屹立不倒，反而让"玩弄"它的人索然无味、垂头丧气，被他的强大和忍耐力"折磨"得发疯。

对于人来说，要做一个"不倒翁"，也要有自己的"重心"，而这个重心便是内心的原则。

康德说："每个人都可以成为自己的主人。"其实是说，每个人都可以自由地支配自己的内心，做自己心灵的主人，不受外物所影响。当然，要不被外物所影响，不轻易发怒，就要懂得坚守自己的做人和行事原则，不轻易动摇。心理学家指出，一个人内在的主动权是不能受任何人或物的影响的，一旦你要别人顺从你的价值或信念，或者顺从别人的价值，你便削弱了这些价值与信念在你生活中的力量。如果你还需要得到别人的赞同或顺从别人才能快乐，表示你已经遗忘了自己内在的主动权。所以，我们要做自己的主人，就要尽量依靠自己的力量来帮助自我，而无须掺杂别人的任何意念或要求。

剥去"假装"的外衣，学着向内心妥协

埃德加是华尔街金融商圈中的"风云人物"，今年26岁的他，已经是一家大型金融公司的经理了。大家佩服他，他不仅有着精明的头脑，还有良好的心态，并且挺过了一次又一次的危机，依旧屹立不倒。但突然有一天他太太向他们夫妇共同的朋友班杰明哭诉，想让他劝劝埃德加。细问之下才知道，这位在外面光芒四射的金融才子回到家中原来是另一番样子：摆臭架子，不爱说话，极容易发脾气。班杰明劝慰道："这可能是他本身的工作压力所造成的。"但是太太却摇了摇头："不是，我跟他沟通过，工作不开心就讲出来，但他却不说，现在对小孩也缺乏耐心，孩子一听到他回家的声音就害怕，我也实在是受不了了！"

在外自信满满，风光无限，笑脸对人，回到家却摆张臭脸，随意发

脾气，这其实就是在外面时，做了自己很不愿意做的事情，使心灵受到了"委屈"，而回到家，即一个绝对安全的地方后，他便开始随意地发泄，家庭成员也完全变成了他的出气筒。

其实，无论在工作还是生活中，每个人都是活在他人的"期盼"中的：希望成为领导眼中的"好员工"，同事眼中的"好搭档"，朋友眼中值得交往的"老好人"……为了完成这些"角色"，我们会不由自主地委屈自己的内心，去努力勤奋，强颜欢笑，有求必应……心中慢慢地便会积攒起更多的怒气和怨气，而家则是一个无须任何伪装的地方，于是，他们的真性情便在家中淋漓尽致地表现出来，这些怒气、怨气和委屈也便发泄出来了。

其实，我们的内心似一个容器，里面盛放着人的喜怒哀乐。在工作或生活中，我们为了讨好他人或获得他人的认可、肯定，便会时时地委屈自己，进而会积攒越来越多的怨气，怨气多了，心灵上就会长出戾气，而最终会伤到他人。

心理学家指出，一个人若总爱故装坚强、装乐观，只会让自己越来越迷失，越来越委屈。要让自己自在地活着，就要懂得时时为心灵剥去那些"伪装"的外衣，与内在的自己和解。这里所谓的和解，是指在你遇到不情愿或不快乐的事情时，学会向内心的自己妥协，放下外在的伪装，跟随内心的意愿去行事。其实，自己向自己妥协并不可悲，真正可悲的是违背自己向他人妥协。要知道，"皇帝的新装"得到再多人的赞赏也总有被人揭穿的一天。只有出演一个本色的自己才能达到内心的和解。你的内在才会感到舒服，内在舒服才能自信从容，自信从容自然就会流露出不凡的风度和气质，才更容易获得他们的青睐。

其实我们都该清楚的是，无论是谁的生活都是其自身时刻参与的，你的参与造就了你的生活。你的参与包括方方面面，包括你的行动也包括你的内心，也许坚强有担当的职业形象才有利于你自身的发展，但是内心的压力却无处排解，它终归会爆发，所以就需要我们自身去调解。能够与自己的内心和解，才是真正的内心强大。

也许有时候，我们真的太过与工作或生活较真儿了。你伪装的面具，也许在他人眼中，早已经一眼看穿，只是大家都心酸地明白我们为什么要这样互相包容互相捧场。就好似皇帝的新装，心照不宣地互相维护着各自的尊严。可是，是不是当天真的诚实的孩子说破这个谎言后，大家便反而舒服了呢？舒服才能自信，自信才会获得你合作伙伴的信赖，同时，你用自信也能征服你周围的人，以及所有你希望影响到的人。

保管好快乐的钥匙，别将它轻易交给旁人

每个人的心中都有一把快乐的钥匙，但生活中我们会不自觉地将它交给旁人去保管。生活中，经常听人有这样的抱怨和烦躁："我过得很不快乐，因为朋友误解了自己。"他其实是把自己快乐的钥匙交到了朋友的手中；一位员工说："我今天很烦躁，被客户坚决地回绝了！"他其实是把快乐的钥匙交到了客户手中；一位妈妈说："我的孩子真不听话，气死我了。"她其实是把快乐的钥匙交到了孩子的手中；一位男人说："真是丧气，老板总是对我冷言冷语，工作真是太过压抑了。"他把快乐的钥匙交到了老板的手中；年轻人从商店出来，气愤地说道："那老板态度恶劣，真是把我气炸了。"……生活中，多数的人都在做同一件错误的事情，就是让他人来控制自己的心情。当你允许他人来掌控你的心情时，你便会在工作和生活中不停地抱怨、随意发怒、情绪焦

虑，有些人甚至患上了忧郁症，在悲观、怨恨和烦躁中一蹶不振。

哈伦斯是一家著名杂志社的心理学顾问，一次，他与朋友一起去一个报摊买报纸。交完钱，那位朋友礼貌地对卖报人说了一声"谢谢"，但是对方却阴着脸，态度极为冷淡，没有一句客套话。

"那个家伙真是讨厌极了，不是吗？"在回家的路上，哈伦斯问道。

"是啊，他每次都这样，很少对人笑。"朋友漫不经心地说，丝毫没有生任何气。

"那你为什么还要对他那么客气呢？"哈伦斯有些疑惑了，他为朋友打抱不平。

朋友则只是微微笑了一下说道："我为什么要让他决定我的行为呢？"

一个内心成熟、淡定的人，会懂得牢牢地握住属于自己的快乐的钥匙，他不会期待别人带给他快乐，反而还能自我把控，把快乐和幸福传递给他人。这样的人，时刻都是情绪的主人，不以外界的人和物的影响而悲喜。

一天，张苏因为与同事处不好关系，心情烦躁，就去找自己大学的老师聊天。一见面，张苏就表现出一副愁苦的样子，向老师感叹自己虽然满腔抱负，但因为在工作中表现得太过积极和热心，总受那些混日子同事的指责和排挤。

老师听罢，哈哈一笑，沉默不语。只是端盆水果递给他吃。张苏因为心情烦躁，就摆手说自己平时不爱吃水果。老师还是让给他，张苏仍旧摇着手不接。老师仍旧微笑着，放下果盆，对他说道："看看吧，你不接的话，我还得收回来！就像别人在背后指责你，你如果不为此所动的话，话语不是还得被说话者收回去吗？"张苏猛然醒悟，别人的指责和谩骂，如果自己不当回事的话，对方怎么能伤到自己呢？恐怕伤到的只是他们自己吧！随即，张苏立即对老师的智慧感到敬佩。

的确，为他人的言行去生气，是拿别人的错误去惩罚自己。别人对你冷漠也好，恶语相向也好，其目的就是让你难受、生气、愤怒，如果你果真去生气，不就正中了对方的下怀吗？而如果你全然不去理会，那受惩罚的自然就是对方了。我们在任何时候都无法阻挡别人的行为，唯一能把握的只有自己。握紧你心中的快乐的钥匙吧，唯有善待内心的人，才是真正地善待自己！

总以别人的"标准"来约束自己，你该有多累

在生活中，我们常常会不自觉地在乎世俗人的眼光，为了得到别人的满意，我们可谓费尽心机：我们小心翼翼地关注别人的眼光，猜测别人的想法，猜想别人的评判……并小心翼翼地行事，唯恐别人指责。但是，即便我们这样小心，还会有人不满意，所以我们又开始为此伤神。其实，在很多时候，我们要完成一项事情根本花不了太多的时间，但是因为太在意别人的眼光了，所以将自己搞得身心疲惫。

张瑾自小就是个勤奋好学的女孩，在一所名牌大学毕业后顺利进入一家外企，负责产品的文案宣传策划工作。为了在职场上保持强有力的竞争力，她经常挑灯夜战，看各类的书籍。有一段时间，她因为情绪低落，没能坚持学习。为了激励自己不断上进，她还特意参加了一个学习成长型的俱乐部，里面的成员有很多"厉害人物"，尤其是一位传媒界的"大佬"，他是由一名杂志社的编辑然后经过不断地努力成为一家著名传媒公司的合伙人，事业做得很是成功。他的这种经历，让张瑾很是惊讶，问他是如何做到的，对方只是告诉她说："当年为了做出成绩，

每天早上 4 点钟就起床看书写作，这一习惯已经坚持了 10 年。"张瑾听后，深受启发，为了赢得周围朋友和同事的美慕、赞美和夸奖，便暗自将此人设置成了自己的榜样，并埋头行动起来。为了提升自己的文案写作能力，她每天也坚持早上 4 点起床看书写作。但是一段时间之后，结果却并不如人意，甚至因为无法坚持下去而丧失了斗志，甚至还对自己产生了怀疑。后来张瑾自己也意识到，自己只是知道对方每天早上 4 点起床努力，却没有看到他之前经历了多久培养早起的习惯，也没有了解到他每天晚上是几点上床休息的，更未曾了解到他的睡眠质量有多高效。张瑾之前都是 11 点半睡觉，早上 7 点钟起床，而如果她突然将 4 点起床作为自己的目标，这无疑是对自己身体的一种挑战。即便是前几天她靠着自己的意志力完成了目标，但是要想坚持去做这件事情，对自己的身心也是一种折磨。

生活中，我们都曾有过类似于张瑾的经历：看到别人在某方面做得好，便开始以对方的标准来约束自己，而从未考虑到自身的生活习惯和身体状况，结果使自己劳心劳力，过得极其拧巴。很多时候，我们看到的光彩亮艳的外表，只是别人希望我们所看到的，并非事情本来的样子。每个个体都是不同的，都能以自己的方式变得不同凡响，而若硬要拿他人的生活标准来衡量自己，就是违背自己的天性，和自己过不去。

在人际交往中，很多人为了讨得他人的喜欢总会拿别人的标准来约束自己。但是，你要知道，你周围有诸多的人，你不可能让人人都对你满意，不可能让每个人都对你展露笑容。通常的情况是：你顾及到这个人的感受，却会有其他的人对你产生不满，甚至根本不领情。每个人的立场、眼光都是不同的，所以我们想要做到面面俱到，不得罪任何人，又想讨好每一个人，是不可能的！

从前，有一位画家，总想画出一幅人人见了都喜欢的画。经过几个月的辛苦努力，他把画好的作品拿到市场上去，在画旁边放了一支笔，并且附上一则说明：亲爱的朋友，如果你认为这幅画哪里有欠佳之笔，请赐教，并在画中作上标记。

晚上，画家取回画时，发现整个画面都涂满了记号，没有一处是不被指责的。画家心中十分不快，对这次尝试深感失望。

画家决定换一种方式再去试试，于是他又摹了一张同样的画拿到市场上展出。可这一次，他要求每位观赏者将其最为欣赏的妙笔都标上记号。结果是，一切曾被指责的地方，如今都换上了赞美的标记。

最后，画家不无感慨地说："我现在终于明白了，无论自己做什么，只要一部分人满意就足够了。因为，在有些人看来是丑的东西，在另一些人的眼里则恰恰是美好的。"

此事告诉我们一个道理：无论你做什么，总会有人对你不满意。这与我们做人一样，让别人去说吧，自己只管按照自己的标准和行为准则去做。要知道，嘴巴长在人家的脸上，我们也控制不了。面对别人挑剔的眼光，我们要做的就是调整好自己的心态，懂得与内在的自己和解。

俗话说："人非圣贤，孰能无过。"我们都会犯这样那样的错误。如果你还不能理解这个事实的话，请想一想你会怎样对待你的朋友呢？与朋友相处过程中，你会不会因为一件小错就嘲笑他、鄙夷他，乃至抛弃他，恐怕你不会这样做。你更可能去包容他，接受他，帮助他。那么就用这种态度对待你自己吧。你应该相信："即使我有缺点，我会犯错，但并不代表我一无是处。其他人很可能不会对我的错误介意。即使别人对我的错误无法容忍，也不代表我没有任何希望，只是说明我需要改正罢了。"

无论是哪种场合，对于别人的评论，我们应当学会释然，学会与自己和解。无论在怎样的状况下，都不必活在别人的世界中，时时去担忧别人会怎么想自己，如何看待自己。而是应该学会与自己和解，并且对自己说："哦，没有人注意我，真好！"当你懂得了这种释然，你便能够体会到什么才是最为真实的、无忧无虑的生活。

别为不属于你的观众，去演绎不擅长的人生

哈佛大学著名教授泰勒·本·沙哈尔说过这样一句话："一个人若总想着让周围的人满意，是最为愚蠢、荒谬的行为。"可是，生活中我们却经常做出诸如此类愚蠢的事情，明明自身已经具备了不少优点，但是为了使他们满意，去做一些违心的事情，有的甚至渴望将他人的优点全部集中在自己身上，违心地演绎自己不擅长的人生。

艾菲儿是一个爱唱歌的小女孩，她的梦想便是成为一名歌唱家，她历尽艰辛，勤练唱功。可惜她长得太丑，脸很长，嘴很大，而且还长有龅牙，因为形象的问题，她若想在歌坛唱出名堂，似乎是一件不太可能的事情。

刚开始，她只是在娱乐场所驻唱，第一次在众人面前公开演唱时，她一直试图将嘴唇拉下来用以遮盖住牙齿，以为这样便能掩盖住自己的缺点，让自己看上去好看一些，但结果却适得其反，这样做不仅没有使她更好看，反而使她的样子更为滑稽可笑，让人忍俊不禁。

刚开始，她的内心充满了自卑感，觉得自己长相丑陋，注定要被淘汰掉。就在她快要放弃梦想之时，一个听过她唱歌的人，看出她在唱歌方面极有天赋，便十分坦率地对她说道："我一直在观察你的表演，并且看得出来你在刻意地掩饰自己某些方面的缺陷，你是不是因为对自己的外形不满意，所以在刻意地掩饰呢？"

女孩显得极为窘迫，一时也不知道如何回答。这位男士接着说："如果你想唱歌给大家听，那么唱歌的时候就尽情去唱，用你的声音和心情去唱，不要想其他的东西，只有当你自己沉浸在歌声里的时候，观众才会跟你一起沉浸其中。"

听到这个忠告后，女孩再也不刻意地关注自己的牙齿，演唱时全身心地投入，张大了嘴巴，热情欢快地唱歌，她终于成为一名娱乐界的明星。现在反而有很多人会去模仿她。

一个人若总是关注自己的缺陷，就永远会被缺陷牵着走，文中的女孩想成为一个歌唱家，是因为她有唱歌的天赋，她的长相和歌喉本身毫无关系，当她不再去关心相貌的时候，她便成功了。因此，世界上没有十全十美之人，有的只是有缺点的人才。让内心强大起来，尽情地发挥自我的优势，扬长避短，一样能够做得出色。

每个个体都有其独特的个性，正是因为这些个性，世界才丰富多彩。所以，我们每个人都应该尽力地展现独属于自我的个性，而不应该为了刻意地模仿别人而使自己原有的优点与优势丧失殆尽，更不应为了不属于你的观众去演绎你并不擅长的人生。

其实，一个人若将自己的优势发挥到极致，完全可以做出一番事业的，这个事业可能很大也可能不是很大，但无论如何，要比一味地去艳羡他人、模仿别人的好。模仿来的东西只是肤浅的，没有真正的内在支撑，我们最终将毫无成就。

每个人都是独特的，苦恼于生活平庸的人，往往都是因为试图将自己放进一个并不适合自己的生活模式中，与其去模仿别人，不如将自己的优点发挥到极致，本色的人或许有这样那样的缺点，但只有做一个本色的人，才能真正地奏响生命最动听的乐曲，创造出属于自己的未来。

先宽恕的人，先得到解脱

别轻易去恨一个人，那是对自我施加的一种"酷刑"。你在恨对方的时候，对方不会受到任何的痛苦，而最终受尽折磨的却是自己。所以，生活中与人发生冲突或矛盾时，比如面对他人的故意冒犯、爱人的背叛、亲人的背信弃义、上司的故意刁难等，与其让仇恨在心中酝酿，不如学着去宽恕。很多时候，宽恕别人，也等于在放过自己，使自己得到解脱。

陈丽和高枫可谓是青梅竹马，在年轻时都曾信誓旦旦地向彼此承诺：这辈子非她不娶，这辈子非他不嫁。

后来，到谈婚论嫁时，因为家庭的种种阻挠让他们的爱情变成了相互的一种折磨。在无奈之下，高枫就和另外一个女人结婚了。陈丽听到这个消息，感觉自己的心都要碎了，万念俱灰。她想以死来了却此生。然而，正当她准备吞安眠药的时候，心中顿时升腾出恨意来：就这样死去太便宜他了，要活下去，一生不嫁，并报复他，折磨他，让他愧疚一生，不安一生，痛苦一生。

这期间，陈丽几乎每天都要到高枫家的门前，她并不做什么，只是不停地去打扰高枫的妻子以及他的孩子。当高枫主动和她搭话，一次次尝试向她道歉的时候，她却置之不理。她能感受到他内心所遭受的良心的谴责，但看看自己孤灯清影的寂寞，她就觉得这一切都是他造成的，他必须要付出代价，她坚持自己的报复。

就这样，陈丽每天都在痛苦中度过，终于在她54岁那年抑郁而终。悲哀的是，直到生命的最后一刻，她也没有感受到报复带给她任何的快感，反而感觉自己的生命太过苍白。她不断地回味、咀嚼着自己的过往人生，她发现自己从来没有快乐过一天。在她以后整整的一生中，她的冰冷，让所有的朋友都远离了她，而她自己从来没有真正对周围的人笑过。看着满脸的皱纹，满头的银发。她开始后悔，后悔自己将自己的一生都绑在了对他的仇恨上，后悔没有体验到做妻子、做母亲的美好……

仇恨只能永远让我们的心灵生活在黑暗之中；而宽恕，却能让我们的心灵获得自由，获得解脱。对别人心存仇恨，最终最受折磨的还是自己，而陈丽如果能宽恕高枫，那么，也不至于让自己的一生都落得悲惨的下场。

其实，每个人的生活都逃不开这样的规则：所有敌对的开始就是一切悲剧的开始，无论任何时候，你在必须面对的时候，你选择的态度其实就已经决定了整件事情的走向和结局。包容和接纳就会是祥和和喜剧，挑剔和敌对就一定是争吵和悲剧。既然你已经知道了结果是什么，那为什么不选择一个好的开始呢？

一位智者曾经这样说过："你必须宽恕两次。一次是你必须原谅你自己，因为你不可能完美无缺；另外你必须原谅你的敌人，因为你的愤怒之火只会让你变得更加愚蠢。"一个人的胸怀能容得下多少人，你就能够赢得多少人。所以，生活中在与他人相处时，要学会宽以待人，即对他人不过分、不强求，以宽为怀，能让人时且让人，能容人时且容人。

有一次，几个哥们一起到陈林家去看球。

男人看球，总是离不开香烟。直到球赛结束，才发现不知不觉中，陈林和朋友已经抽了三盒烟。陈林的妻子刘晓也一直在身边陪着他们。但是，她竟然什么话也没有说，只是在他们不注意的时候，打开窗子，让新鲜的空气进来。陈林的一个细心的哥们儿感到很奇怪，便笑着问刘晓："你怎么不制止我们这么抽烟呢？"

刘晓微微一笑，说："我也知道抽烟有害身体健康，但是，如果抽烟能让他快乐，我为什么要阻止？我情愿让我的丈夫能快快乐乐地活到60岁，而不愿意他勉勉强强地活到80岁。毕竟，一个人的快乐不是任何时候或者金钱可以换来的。"

三个月后，一个哥们儿再次见到陈林的时候，他已经完全戒烟了。问他为什么，他憨笑着说："她能那么为我着想，我也不能让自己提前20年离开她呀。"

其实，戒烟本来是家庭中一个矛盾的焦点，但是，因为刘晓的宽容，夫妻间的冲突和争吵，就在平静之间烟消云散了。

很多时候，宽恕就是将心比心地谅解对方的过错。仇恨、埋怨，只会让你的世界越变越小，让你的人生之路越走越窄。既然退一步能海阔天空，我们又何必对眼前的是是非非斤斤计较呢？

莎士比亚忠告人们说："不要因为你的敌人而燃起一把怒火，结果却烧伤了你自己。"这其实在告诫我们，做人要学会容纳，学会宽恕别人。与人方便，也是与己方便。生活中，多为别人着想，能够时时将心比心，那你的人生便和谐了。

提升气量，断绝生闷气的根源

生活中，动不动就生闷气的人，通常都是气量极小的人：稍遇不顺，马上气便不打一处来；与人一句话讲不拢，扭头便开始生闷气……要想从根本上改变自己爱生闷气的习惯，就要提升自我的气量。一个爱与人斤斤计较，没有容人、容事之量的人，其眼界是无比狭隘的，格局也是狭小的，是难以成事的。

马云说："要提升气场，就要先修炼气。"不可否认，那些真正有气度的人，人生遇到怎样的坎坷都会以微笑视之；遇到怎样倒霉的事，都会运用智慧巧妙和气地化解。这样的人处处都透着成熟、稳重与可爱，这才是真正地为自己争气。

美国前总统里根在当选美国总统之前，家里被窃，朋友曾写信安慰他。他却回信说："谢谢你的来信，我现在心中十分平静，因为：第一，窃贼只偷走了我的财物，并没有伤害我的生命。第二，窃贼只偷走一部分东西，而非全部。第三，最值得庆幸的是：做贼的是他，而不是我。"朋友随即为他的气量深感佩服。

后来，在他竞选总统时，在一次演讲中，台下突然有个捣蛋分子高声打断了他说："狗屎！垃圾！"

里根虽然受到了干扰，但他情急生智，不慌不忙地说："这位先生，请稍安勿躁，我马上就会讲到你所提出的关于环保的问题。"全场人不禁为他机智的反应鼓掌喝彩。

在他上任初期，有一次被枪击中，身负重伤，子弹穿入了胸部，情况极为危险。在生死攸关的时刻，他并没有下令立即抓捕暴徒，而是对太太说："亲爱的，我忘记躲开了。"美国民众得知总统在身负重伤时仍能大度幽默，都期望他能早日康复。也正因为他的大度镇定，稳定了当时因受伤可能产生的动荡的局势。

里根总统正是因为拥有容人的气度，才让他有了过人的气场。可以说，拥有宽阔的胸怀与气度是一个人智慧的最高体现。这样的人，其身上从日渐成熟的阅历中历练出来的从容、稳重与和善的待人接物的气质风度，是赢得朋友信赖、陌生人喜爱的精神符号。在任何时候，他们都能从容地面对生活中的磕磕碰碰，能够从容冷静地用自身的智慧与强大的内心——搞定。这样的人，无论在什么情况下，都能驾驭好事业和生活的这两条船，稳当地向成功和幸福的彼岸驶去。

"问题"能让人动怒，但动怒却解决不了问题

脾气不好的人但凡在生活中遇到问题，其第一反应便是动怒：孩子犯了错，上去就是一顿臭骂；下属把工作搞砸了，先对其训斥发泄一番；朋友冒犯了自己，马上以恶语回击……但是，你是否想过，问题会让我们火冒三丈，但是冒火却解决不了任何问题，反而还会让问题变得更糟糕。

其实，真正聪明且富有智慧的人，在遇到问题后，第一件事就是先保持淡定、平和，然后努力去寻求解决的办法，而不是先丧失理智，对人生气、发脾气，做出让自己后悔终生的事。

世兰与丈夫结婚三年，前两年两人还算恩爱。但是，当"新鲜感"一过，她发现老公像变了个人似的，对自己的事从来不管不问，而且还发现他有"出轨"的苗头。

一次，丈夫说自己要与同事一起去 KTV，直到半夜还未归家，这可急坏了世兰。她打了无数次电话，都是关机。无奈之下，世兰打电话给老公的一位同事。同事告诉他，他们在单位附近的 KTV 唱歌。

世兰的心里有些不安，决定去找老公。走到门口，心里却惊了一下：老公在微醉的状态下拉着一位女同事的手在引吭高歌，深情处眼中还含着热泪，仿佛手心里的那只小手不是千万人可得而单单归属他一人，此情不渝，灿若珍宝。面对此，世兰很想冲进去，给他一个响亮的耳光，但她却抑制住了自己的愤怒，让自己恢复平静。因为她清楚地知

道，如果她当众让老公出丑，不仅不能挽回老公的心，而且还会让他们的感情彻底变质。

随后一星期中，世兰都喜笑颜开，并不断地给老公制造惊喜。上班前一定要"吻别"，下班后温柔得像个小鸟似的，主动带老公去喝咖啡，去看电影！生活丰富起来了，老公也变得更体贴、温柔了。

有一天下班后，两人依偎着在听歌的时候，老公却突然羞愧地对世兰说起了那天自己在 KTV 里的不雅行为。世兰听罢，很深情地说："那段时间是我太忽略你了，不能全怪你！"看着如此善解人意的老婆，老公紧紧地搂住了她！从那以后，老公一下班就往家跑，再也没有出现过半夜还不见人影的事情了！

由此可见，人只有在清醒、理智的状态时，才能将问题顺利解决。所以，生活中，我们切勿一遇到问题便乱发脾气，将问题打上死结，从而将自己推入绝境中。

当然了，要有效地"制怒"，你可以试试理智控制法，即当你要动怒时，最好让理智先行一步，仔细地想想你发怒后，会造成怎样的后果。或者你也可以进行自我暗示，口中默念："别生气，这不值得发火""发火是愚蠢的，解决不了任何问题"等。也可以让自己在即将发火的一刻给自己下命令：不要发火！坚持一分钟！一分钟坚持住了，好样的，再坚持一分钟！两分钟坚持住了，我开始能控制自己了，不妨再坚持一分钟。三分钟都坚持过去了，为什么不再坚持下去呢？如此这样，你的理智就可以战胜情感了。

第五章 | 不念过去，不畏将来：全然地活在"当下"

——舍弃空念，梦里忧欢终枉然

生活中，我们很多的忧虑、担心和痛苦，都是凭自己的意念空想出来的。我们总是会沉浸在过去的岁月中，独自抚摸伤痕、舔舐痛苦，无端地让自己的生活多出许多不快乐；另外，我们还总会为不确定的未来而忧心忡忡：担心下月的房租怎么办，几年后还如此贫困怎么办，万一爱人离开自己怎么办，孩子将来考不上好学校怎么办……可其实走完一段之后再回头看，真正能被记得的事没有多少，真正无法忘记的人屈指可数，真正有趣的日子不过是那么一些，而真正需要担忧的事情也是寥寥无几。正应了那句，诉说未来的人是在骗别人，沉湎过去的人是在骗自己，要与生活中的忧虑真正诀别，要与痛苦中的自己真正达成和解，就要时刻提醒自己，要活在"当下"，让你的精力全然地关注当下的人与事，不念过去，不畏将来，那么，你的人生将会是充满快乐和幸福的。

与自己和解：让所有的感觉全然处于当下

心理学家认为，人类受苦的根源是来自我们大脑的思维。确切地说，是我们失控的思维，也正是它让我们成为负面情绪的"受害者"。很多时候，我们的思维总是不受自我的控制，使原本的"理性"像洪水一般泛滥成灾，让悲伤或痛苦逆流成河。比如，在半夜三点钟时，你躺在温暖的被窝中，可是你却为白天同事的一句无心的话而气得睡不着觉。可引发你动怒的人则早已安然入梦，那件事情其实已经过去了，但你的思维却放不过你，一再地用旧有的看事情的模式来解释那个人有多么地对不起你，那句话将带给你怎样的负面影响。你越想越气，似乎整晚都无法入眠了。当你第二天早晨起来，拖着疲惫的身躯，带着黑眼圈再次走进办公室时，昨天那个"得罪"你的同事，依然对你笑脸相迎，并和气地与你交流工作问题。这时，你会在心中责备自己：昨晚的想法真是愚蠢呀，问题根本没有自己想的那么严重！……其实，从心理学的角度分析，这便属于病态的思维，不受控的大脑空想，是让我们深陷痛苦的主要原因。

大脑的不切实际的病态思维，不仅能置我们于痛苦之中，还会改变我们的生活环境，这便是所谓的"境由心转"！它让我们远离了真实的"自我"。正如心理学家分析的那样：虚空的思维让我们远离了真实的自我，是我们受苦的元凶。它让我们产生孤立感，惶惶不可终日，始终感受不到快乐和满足。这个时候，就要学着与自己进行和解，将真正的"自我"从非理性的状态中拉回来，然后让它回归于当下最真实的世界中。

刘静是一个孤儿，自小由姥姥一人将她养大成人。两年前，她的姥姥也去世了，刘静痛苦万分，精神处于极度的抑郁状态，自那之后她便落下了头痛的毛病，每每发作起来都极为痛苦。对此，医院建议她去看心理医生。刘静来到一家心理诊所，为她看病的是一位和蔼的女医师。

"你现在头痛吗？"心理师问她。她说痛。

"这是因为你不让你自己去感受你的感受。"

刘静有些吃惊，似乎不太明白心理师的意思。心理师微笑着让她平静地躺下来，然后让她闭上双眼，引导她进入深层的"存在空间"。

刘静按照心理师的话，与身体和呼吸同在当下，并与每一刻她所听到的声音同处于当下。

"现在我请你和头痛同处于当下，它是当下时刻的一部分，它有权力在这里，并完完全全地去感受它，跟它在一起。并在心中对它默念'是'。"

当刘静与头痛共处于当下时，其自小便隐藏于内心的"孤独感"逐渐地呈现，她开始哭泣。

"就让眼泪流吧！"心理师告诉她，"它们有权在这里！"

她哭得更为厉害了，而且又开始抱怨胃很疼。对此，心理师指出，当我们压抑内心的感受时，这种感受便会持续性地引起我们的注意，它便会显现为肉体的疼痛。于是，刘静的眼泪开始在她的脸颊流下，她终于在泪水中开口了。

"我觉得自己孤立无助！"

"孤立无助的感觉也有权力在这里，去感受它，与它同处于当下。"

慢慢地，刘静感觉自己舒服了许多。经过几次的心理治疗，她内在积蓄多年的抑郁情绪也得到了释放，头痛的症状减轻了许多。

根据刘静的描述，她是由心理而引发的生理上的疼痛。这位心理师处理的方式很简单，就是鼓励她身上每一刻所呈现出来的东西完全置于当下。让她跟随着心理师的引导，去感受她所有的感受。也就是让她自己所有的感受全然地归属于自己，进而让她将心中的抑郁情绪全部都排除干净，最终使她自己真正地归于平静。其实，这个过程就是与自己和解的过程。

与自己和解，便是一个疗愈自我创伤的心理学的过程，在真正的治疗过程中，必须要求你回归最真实的天性。这就好比是剥洋葱，一层一层地剥，直到本质的你显露出来，回归到你的天真无邪，回归到你的整体。

在疗愈和释放的过程中，很重要的一点就是不要试图除掉任何东西，不要试图去做任何分析，更不要试图去修正任何东西。你只是允许那些被你压抑的痛苦情绪和记忆侵入意识中，因为在当时，你要完全地、有意识地去经历它们，实在是太过痛苦了。当感受浮现，进入深知与负责的表达中，过去也便完整了，并且从你与你的灵魂中被解放出来，从而获得身体与心灵的和谐与舒服。

未来不迎，当时不杂，过往不恋

关于如何摆脱因为空想而产生的忧虑和纠结，曾国藩曾提出了一个妙方，即："未来不迎，当时不杂，过往不恋。"就是说，未来发生的事情，我根本就不迎上去想它；当下正在做的事情，不让它杂乱，要做什么就专心做什么；当这件事情过去了，我绝对不留恋。这个小妙方，其实包含三个方面的意思，一是要着眼于当下，好好把握眼前的时光，竭尽全力做好正在做的事情。二是不纠结不忧虑未来可能出现的矛盾；三是要勇于放下过去，切忌为过去的事或人而纠结或悔恨。

生活中，许多人喜欢预支明天的烦恼，想要早一天解决掉明天的烦恼。要知道，明天如果有烦恼，你今天是无法解决的。还有的人总喜欢为过去的经历耿耿于怀或悔恨不已，殊不知，昨天已经成为生命中永久的过往，你再痛苦都无法让昨天重来，何必让今天为昨天的痛苦买单呢？其实，每一天都有每一天的人生功课要交，努力做好今天的功课再说吧！

汉宣帝继位之初，下诏想把祭拜汉武帝的"庙乐"升格，不料却遭到了当时任光禄大夫的夏侯胜的反对，丞相、御史大夫等公卿大臣们一阵惶恐，夏侯胜胆敢反对皇上的诏书，这还了得！于是便马上联合上了一道奏章，弹劾夏侯胜"大逆不道"。顺便把不肯在奏章上签名的丞相黄霸也以"不举劾"的罪名一道上报给了皇帝。于是这两个人被一起逮捕下狱，判了死罪，等待择日处死。

夏侯胜在当时是有名的大儒，尤其精通《尚书》，素来性情耿直，不会阿谀逢迎，如今受此大辱，郁郁寡欢，想皇上的寡恩，想人生的无常，不免心灰意冷。好在那个更冤的黄霸跟他关在了一起，寂寞之中，还有人可以说说话。

黄霸生性乐观，他早就仰慕夏侯胜是个大儒，只是无缘亲近，没想到因意外的灾祸被关进了同一间牢房，他心想："原来天天忙工作没有时间，现在时间也有了，而良师近在眼前，为什么不赶紧补上这一课呢？"黄霸便将求教之意告诉了夏侯胜。夏侯胜苦笑，说："咱们都犯了死罪，就要被处死了，现在读经有什么用？"黄霸说："孔子有言：'朝闻道，夕死可矣。'人应该活在当下，抓住现在，学有所得，心有所悟。今天就是快乐的，何必管虚无缥缈的明天呢？"夏侯胜听了精神为之一振，内心里大为感动，当即答应了黄霸的请求。从此俩人席地而坐。每天夏侯胜都悉心向黄霸传授《尚书》，黄霸尽心听讲，二人日夜讲学津津有味，研读到精妙处。时不时还拊掌大笑。弄得监狱的看守过来察看，结果是一头雾水，搞不懂两个将死的人为什么这么快乐。

事后，有人促请汉宣帝该把夏侯胜和黄霸执行死刑了，宣帝派人到狱中调查这两个人是否心中哀痛，有悔改之意，回报说他们每天以读书为乐，面无忧色。汉宣帝心中不满，但也感叹二人之贤，不忍杀之，以至此案久拖不决。

虽然身在监牢之中，决意活在当下的夏侯胜和黄霸心无阻碍，没有什么能够束缚住他们了。时间不再是他们的敌人，因为专注于当下的事情，不知不觉间两个冬天便过去了，他们也没有感到时间的漫长，反倒是学问研究得愈益精到，思想有了长进，精神也更加充实。

两年后的一天，汉宣帝大赦天下，夏侯胜和黄霸得以出狱，不过他们并没有被逐回老家，而是直接被宣进朝廷，夏侯胜被任命为谏大夫，留在皇帝身边，黄霸为扬州刺史，外放做官。后来夏侯胜以正直博学做了太子的老师，90 岁逝世，为谢师恩，太子为他穿了五天素服。天下儒生都引以为荣。黄霸以精明干练、政绩卓著名扬天下，后来官至丞相，史书评价他，自汉朝建立以来，才能卓异的丞相多多，但论到治理百姓，则"以霸为首"。

可见，"未来不迎，当时不杂，过往不恋"是一种全身心地投入人生的生活方式。当你专注于当下，而没有过去拖在你后面，更没有未来拉着你向前时，你全部的能量都集中在这一刻，生命因此具有一种强烈的张力，这种张力甚至可以改变糟糕的现状，就像夏侯胜和黄霸一样，全然专注于当下时，所有的劫难也就自然化解了。

所以，当你在为过去或未来虚幻的事情忧虑时，记得用曾国藩的那句话提醒自己，努力真正地做到未来不迎，当时不杂，过往不恋，当你的精力专注于当下或眼前的事情时，你脑中所有的虚空的幻想便都烟消云散了。

忧虑时，就让自己"忙"起来

其实，在生活中那些专注于自己手中工作的人，很少会因为忧虑而精神崩溃，因为他们没有时间去享受这种"奢侈"；在烈日炎炎下劳动的人也没有时间去忧虑……所以，遇到忧虑，不去想它，让自己忙碌起来，你的血液循环就会加速，你的思想就会开始变得敏锐——让自己的手脚一直忙着，让思想专注于眼前的事，这是治疗忧虑最好最有效的良药。

身为单亲妈妈的玛丽曾经遭遇过两次不幸，第一次是她可爱的 5 岁的女儿因为患病匆匆地离开了她，当时她简直被这件事情击倒了。然而，更不幸的是，半年后，她的爸爸因为意外的车祸也永远地离开了他。这接二连三的打击使人无法承受。那段时间，玛丽为此而吃不下饭，无法休息或放松，精神受到致命的打击，信心丧失殆尽，吃安眠药和旅行都没有用。她的身体好像被夹在一把大钳子中，而这把钳子越夹越紧。

不过，感谢上帝，她还有一个 8 岁的儿子，他教给了玛丽解决忧虑的方法。一天下午，她呆坐在那里为自己难过时，儿子对她说："妈妈，你能否给我做一条船？"

玛丽实在没兴趣，可这个小家伙很缠人，她只得依着他。

造那条玩具船大约花费了玛丽 3 个小时，等做好时她才发现，这 3 个小时是她许多天来第一次感到放松的时刻。

这一发现让本来痛心不已的玛丽如梦初醒，她几个月来第一次有精神去思考。她顿时明白，如果自己忙于工作，就很难再去忧虑了。对她来说，造船就把她的忧虑都冲走了，所以玛丽决定与其让自己闲着胡思乱想、忧心忡忡，不如让自己不停地忙碌起来。也就在那一天晚上，玛丽巡视了每个房间，把所有该做的事情列出一张单子。有好些小东西需要修理，比方说书架、楼梯、窗帘、门把、门锁、漏水的龙头等。两个小时内，她为自己列出了200多件需要做的事情。

从此，玛丽的生活中充满了启发性的活动：每星期两个晚上她到市中心去参加成人教育班，并参加了一些小镇上的活动，偶尔她会协助红十字会和其他机构去募捐等。那些忙碌的事情已经让她无暇去忧虑。

"没有时间忧虑"，这也是英国首相丘吉尔在战事紧张到每天要工作18个小时时说的。当别人问他是不是为那么重的责任而忧虑时，他说："我太忙了，我没有时间忧虑。"其实，人生有很多的忧虑是空想的结果，这些都是对当下生命的一种浪费。所以，当你处于忧虑状态的时候，不妨给自己找些事情来做，它是驱赶忧虑最好的良药。

卡耐基说："无所事事者常会给自己留下忧虑的时间，置自己于痛苦之中；而忙碌的人，尤其是忙于帮助别人的人，就没有时间沉湎于忧虑中。"

让自己不停地忙着！忧虑的人一定要让自己沉浸在工作中，否则只有在绝望中挣扎。人生在世，只有短短几十年，如果你为一些一年半载就会忘了的人生小事而忧虑，浪费了很多时间，请你仔细想一想：值吗？

其实，关于用忙碌排遣忧虑的方法，也深受戴尔·卡耐基的追捧。他在《人性的弱点》一书中，曾给那些为生活在苦恼中的人们制定了一份计划，这份计划的重点就是用具体的行动去充实生命的每一个"当下"：

今天我要用行动来提升我的心灵。我要学习，不让心灵空虑。我要阅读有益身心的书籍，提高我的修养。

今天我要做三件事：我要默默地为某个人做一件好事，我还要做一件我以前不愿做的事、一件不敢做的事。做这些事的目的，只是为了锻炼我的勇气和勤勉，让我不致懈怠。

今天我要让自己看起来更美丽。我要穿着得体、举止大方、谈吐优雅。我要多予赞赏，少作批评，不让自己抱怨，不去挑任何人的毛病。

今天我要全心全意地只过好这一天，不去想我整个的人生。一天工作 12 个小时固然很好，可如果想到一辈子都要这样度过，我自己都会觉得恐怖。

今天我要制订计划。我要计划每小时要做的事。可能不会完全按照计划实现，但我还是要计划，为的是避免仓促和犹豫不决。

今天我要给自己留半个小时的时间静息片刻，让自己思考一下我的人生。

今天我要很开心。只有现在的行动才能给我带来无尽的幸福和快乐。

……

为了从此不再让烦恼纠缠自己，请立即行动起来吧，只有让自己切实地行动起来，才能让内心获得平静和充实，才能让自己把握机会，看到更为光明的未来。

一年后，你还会在乎你所担忧的事情吗

人生不是等价交换，凡事都不必要斤斤计较。如果你正在为一件小事而生气、纠结和难过，那么，就请问自己：一年后，你还会在乎这件事情吗？很多时候，我们在当初因过于在乎而让你痛不欲生的事情，对若干年后的自己来说，不过是随手可以丢弃的"垃圾"罢了。

生活中，让我们懊恼、生气，置我们于烦躁、纠结之中的往往都是

小事。如果当下的你正为一件不起眼的小事而纠结、烦恼，那么，请你把目前你所面对的情况，假想成不是现在正在发生的事，而是一年后的事情，然后，再仔细地询问自己："这个情况真的有我所想的那么严重吗？"其实，目前你所过于在乎的事情，如果将它放在无限遥远的生命长河中，就显得很轻微了。这样，你就可以摆脱因小事而带来的烦恼了。

因为老公一而再，再而三地背叛自己，沈眉坚决地与他办了离婚手续。那一段时间，她都以泪洗面，沉浸在痛苦之中无法自拔。两周过去了，她才清醒地意识到，她与丈夫的缘分真的到了尽头，当下她唯一的出路就是要让自己强大起来。

她用水洗净脸上的泪痕，化好妆，用漂亮的字列出一张新的生活计划表：上午去学习简笔画，晚上练习水彩画。就这样，她依照计划表开始了新的生活。半年过去了，她的气色好多了，人也变得精神了，而且已经能独立地设计令自己满意的作品，简笔画也画得让众人称赞，她觉得自己底气十足。

随后，她到了一家大型的广告策划公司，从普通员工做起。尽管收入不高，但这是她人生的一个新起点，她有足够的时间和动力去挑战新的工作。熟练的设计、优雅的衣着、卓越的能力，都让她成为一个魅力四射的女人。28岁后，她开始慢慢地升职加薪，一直到设计总监。四年后，32岁的她拥有了自己的一家广告公司。她开始与一位位追求自己的优秀的男士约会，独享爱情带给自己的美好。其中，有一个有留美背景、家道殷实的男士，欣赏自信独立的女人，对她展开了猛烈的追求。

她的生命又重新焕发出热情来，当下的她每当回忆起离婚的事情来，她的心中再也感受不到伤痛，有的只是感激，正是那个不信守承诺的男人让她真正地强大了起来。

其实，我们每个人都是如此，你当下所痛苦和担心的事情，在你漫长的生命长河中，不过是一粒不起眼的沙罢了。无论今天你跟你的爱人吵架，跟小孩闹脾气，或者跟上司、同事起冲突，甚至是自己犯的一个致命的错误，一个机会的丧失，一个遗失的皮夹，一个客户的拒绝等，一年甚至几年后，它们都会统统在你的生命中被遗忘，就算有人向你提及，你可能也不会真正地在乎它们了。所以，如果你正在为当下的一件小事而烦恼时，那就请将你的眼光放得长远一些吧。

当然，你还可以再回首一下自己曾经走过的路，你就会发现，当初那些让我们都觉得天都要塌的困难，在现在看来只不过是一些鸡毛蒜皮的小事而已；当初那些让人感到快要窒息的斥责，现在看来也显得极为可笑了；过去那些令自己万分痛苦的事情，现在也只是供自己茶余饭后闲聊的一个话题罢了……一切的一切，都已经成为永远的过往。再痛苦，再不幸，也只是生命中一个过往而已，只要将心灵放大一些，不要将那些不快留在我们眼前或者心中，一切都会成为永久的过往。

所以，不要太去计较眼前的一些痛苦和烦恼，那只会缩小我们的内心，心小了，如何能装得下未来的大千世界呢？

别为昨日的不幸浪费今日的眼泪

泰戈尔说：“如果你因为失去月亮而哭泣，那么你也将失去群星。”其实是告诉我们，不要为过去的不幸或痛苦浪费今日的眼泪，否则你会错失当下的幸福。要知道，生命是一个不可逆回的行程，你所经历的每一个刹那都是唯一。消逝在过往时光的事情，已经成为永久的过往了，你不可能再经历了。所以，我们无须沉浸在过去的悲伤或痛苦中而白白地耽误了当下的幸福。正如一位哲人所说：“未来的种子也深埋于过去的时光里，如果你不能正视自己的过去，很难让你的现在和未来开花结果，这可能会导致更多更大的不幸。"

一位老女人，她在上街买菜的时候，不小心把自己的一件外套弄丢了，就因为这件小事情，她一路上都十分懊恼，不停地责怪自己怎么如此的不留心。等她回到家之后才发现，因为她太过于专注自己已经丢失的那件外套，最后在仓促与不安中，一不小心把自己的钱包也给弄丢了。

这就是得不偿失，过去的已经过去了，已经不能挽回了，所以就应该好好活在当下。要知道，明天又会是全新的一天，过去无法在你的现在里复活。你唯一能够做的有价值的事情，就是以平静的心态分析当时自己所犯的错误，然后从错误中吸取教训，然后再将这种错误忘掉，然后再以乐观的态度面对未来。

一天，刘强下班后本想打车回家，可是一想到坐摩托车能省几块钱，于是就坐着摩托车回家。不料半路摩托车遭遇了车祸，刘强因此失去了一条腿。朋友们纷纷来看望他，都为他失去了一条腿而难过，而他却笑了。

"你难道还有心情笑吗？"朋友们都以为他精神不正常了。

"当我醒后得知自己只失去了一条腿时，我心里想，完了，以后该怎么办？继而后悔那天选择坐摩托车。不过后来我安慰自己道：'既然已经成事实，再后悔也没用，还好只是失去了一条腿，而不是生命。'想到这里，心情忽然不再那么沉重了。所以，我现在有足够的理由笑啊！"

后来，因为少了一条腿，刘强已经无法胜任原先的岗位，不久后他便接到了下岗通知书。

朋友们知道后，准备了一大堆安慰他的理由，准备好好安慰他一番。这次又让朋友们很是意外，见面时刘强却乐呵呵的，一点儿也不像失业的人。

"你不难过？那可是下岗通知书啊！"一个朋友问。

"既然下岗已成事实，我与其难过，还不如想：'幸好只是失去了工作，但我并没有失去再创业的勇气啊！'所以，我没有理由难过！"

再后来，刘强的妻子走了，还卷走了家中所有值钱的东西，就是因为家中的日子越来越困难，妻子跟他过不下去了。

朋友们知道后，都为他担心，以为刘强经过这次打击，肯定会消沉，便都赶过去看望他。当朋友们敲开刘强家的门时，男人一脸的欣喜，热情地招呼朋友们坐下。

"你是不是真的疯了？妻子走了，你一点也不难过吗？"朋友们冲他喊道。

"她走了，只能说明她并不是真心爱我。我失去一个不爱我的人，有什么理由难过？"

面对不可挽回的残酷事实，他总能以乐观的态度面对未来的一切，值得我们每一个人学习，也给生活中经常处于懊悔情绪中的我们以这样的忠告：过去的就让它过去吧，一次决策性的失误，说了一句不该说的话，犯了一个不该犯的错误，选择了一条错误的道路……对于所有你曾经的过失，过分的自责只会让你越来越烦躁，无法有信心迎接新的挑战。只有忘掉过去的悲伤，我们才能重新扬帆起航。只有忘掉曾经的不幸，我们才能在未来的日子里拥抱更多的幸福。

也许很多人会说，过去对我的伤害太大了，我无论如何也忘不了过去。不，你可以忘记的，你只需要转变一下当下的心态。你可以静下心来这样想：正是因为过去的不幸，才让我学会了满足于当下的生活。当时的痛苦都已经承受过了，难道你还没有勇气去面对当前的生活吗？所以，我们完全可以对过去的任何事情怀一颗感恩的心，这样才能让自己尽快地从昨日的痛苦和烦恼中走出来，世界上没有什么坎是过不去的，只有不肯过去的心。

"何必眉不开，烦恼无尽时，一切命安排，当下最悠哉。"一个幸福和快乐的人就应该专注于当下，不为昨天的不幸浪费今日的眼泪，更不为不可预知的未来浪费当下的精力，生活安然而又超脱，你也就真正达到了人生的另一种境界。

全力专注于"当下"的时光

威廉·格纳斯是一位著名的心理医生，在行医的过程中，他接触最多的就是因为焦虑或忧愁而生病的人，这些人不是总爱为过去而忧虑就是为未来而担心，长期闷闷不乐，最终损害了健康。为了能够彻底地治疗这些病人，威廉·格纳斯为他们开了一个极为简单有效的方子：他告诉这些病人，生命的每个刹那都是唯一，只要尽力地过好生命中的每一个刹那就可以了。他的意思是说，只要把今天或当下的事情做好，只要尽力使当下快乐和满足就可以了，无须再为过去的昨天或未知的明天担忧。

他说："我们生命的每一个时光都是唯一的，不复返的，所以我们要活在此刻，不要让明天或过去的忧愁将其浪费掉。只要你无限地珍惜此刻和今天，还有什么事情值得我们去担心的呢？每天只要活到就寝的时间就够了，不知抗拒烦恼的人总是要英年早逝。"的确如此，如果我们每天都处于忧虑之中，身体早晚会被过去与未来的事情所拉扯。

过一天就努力让自己开心一天，如果我们将自己的精力用来更多地关注眼下的时光与日子，将日子分成一小段一小段，所有的事情就可能会变得容易得多。如果我们只专注于生命"当下"的时光，就没有时间去后悔，没有时间去为未来担忧，烦恼也就不存在了。

柯西是个聪明的孩子。半年前，最疼爱他的外祖母去世了，所以，小家伙很是伤心难过。因为内心的忧伤无从排遣，他每天都郁郁寡欢，茶饭不思，更没有心思学习了。这种痛苦的状态已经持续了大半年时间，周围的人都说他是个重感情的好孩子，但是他的父母却极为着急、焦虑，因为大半年时间里，他的忧郁已经严重影响了他的健康。

他的父母也不知如何安慰他。一次，柯西的外公来到他们家，看到如此情形，就决定和他聊聊天。

"你为何如此伤心呢?"外公问他。

"因为外祖母永远离开了我，她再也不会回来了。"他回答。

"那你还知道什么永远也不会回来了吗?"我问道。

"嗯……不知道。还有什么会永远不会回来的呢?"他答不上来，反问道。

"你所度过的所有时间，以及时间中的事物，过去了就永远不会回来了。就像你的昨天过去，它就会变成永远的昨天，以后我们也无法再回到昨天弥补什么了；就像你的爸爸以前也和你一样小，如果他在你这么小的时候不愉快地玩耍，不好好学习，牢牢地为未来打好基础，就再也无法回去重新来一回了；也就如今天的太阳即将落下去，如果我们错过了今天的太阳，就再也找不回原来的了……"

柯西是个十分聪明的孩子，听了外公的话后，他每天放学回家就会在院子里面看着太阳一寸寸地沉到地平线下面，就知道一天真的就这么过完了，虽然明天还会升起新的太阳，但是永远也不会有今天的太阳了，他懂得不再沉溺于过去的悲伤之中，而是振作起来，好好学习和生活，认真地把握住自己度过的每一个瞬间。

我们生命中的每一个当下都是独一无二的，它既不是过去的延续，也不是未来的承接。时间是由无数个"当下"串联在一起的，每一个瞬间、每一个当下都将是永恒。所以，当我们吃饭的时候，要全然地吃饭，不要管自己在吃什么；当我们玩乐的时候，要全然地玩乐，不管在玩什么；当我们爱上对方的时候，要全然地去爱，不要计较过去，也不要去算计未来。就像《飘》里的女主角郝思嘉一样，在自己烦恼的时刻总是对自己说，"现在我不要想这些烦恼的事情，等明天再说，毕竟，明天又是新的一天。"昨天成为过去，明天尚未到来，想那么多干吗，过好此刻才最真实，否则，此刻即将消失的时光，上哪儿去找？

人生，当下亦是真，缘去即为幻。所以，所有生活在烦恼中的朋友都要共勉：眼前的每一瞬间，都要认真地把握；当下的每一件事，都要认真地去做；生命中的每一个人都要认真地对待，别让发生过的或没有发生的占去一瞬永恒的时光，因为"缘去即为幻"，别让自己徒留"为时已晚"的遗恨。逝者不可追，来者犹可待，当下的时光是生命中最为珍贵的时光——生命的意义就是由这每一个唯一的刹那构成的。

别总盯着结果，懂得在过程中体味幸福

美国作家威廉·杜朗曾经叙述过他寻求幸福的过程。他先从知识中寻找幸福，得到的只是幻灭；从旅行中找，得到的只是倦怠；从财富中找，得到的只是争斗和忧愁；从写作中找，得到的只有劳累。然而有一天，他从车站里面出来，看到一辆小汽车里坐着一位中年妇女，怀里抱着一个熟睡的婴儿。一位中年男子从火车上下来，径直走到汽车旁边。他吻了一下妻子，又轻轻地吻了一下婴儿——生怕把他惊醒。然后，这一家人就开车离去了。这时杜朗才惊奇地发现什么是真正的幸福。他高兴地松了一口气，从此懂得：幸福存在于生活的过程中，生活的每一个正常活动都带有某种幸福。

然而，在现实生活中，我们却总是认为幸福在于某一生活或工作目标的实现，为此，我们总是被生活的忙碌所累：每天上班、下班，忙碌

122

一天后，多数人还要被无休止的应酬所缠绕，我们的心灵好像被上了发条一般，生命也变得机械、紧张、麻木、苍白，丝毫感受不到生活的任何精彩和乐趣。我们的眼睛似乎总是盯着结果，觉得只要挣足了钱，便会感到幸福和满足；觉得事业成功了，便能从中获得满足感和荣誉感；觉得疲惫了，只要换个地方来一次旅行，便能使心灵得到休憩……我们总是盯着所谓的"结果"，却不懂得去享受其中的乐趣。

要知道，生活的真谛在于追求幸福的快乐，幸福是过程，不是忙碌一生后所达到的顶点，紧张与麻木更不是生活该有的常态。为此，我们应懂得从生活的每一件事情中搜寻意义和乐趣，并从中享受快乐和幸福，如此才能让生命和生活过得有意义。

布朗是美国一家麦当劳的一名普通的职员，他每天的工作就是不停地做很多相同的汉堡，没有任何的新意。在岗位上坚持3个月后，布朗便对他的工作产生了厌倦，每天都愁眉苦脸的，回到家便会向妻子抱怨，诉说自己的工作有多么的无聊和乏味。妻子告诉他，与其如此痛苦，何必还要苦苦坚持去做呢？布朗告诉她，他身无所长，除了这类工作，貌似找不到其他的工作来养家糊口了。妻子便说，那你何不学着从工作中找寻乐趣呢？布朗觉得有道理。

从此之后，布朗便开始学着去调整心态，开始怀着崇敬的心情去做汉堡，将它们都看作一个个工艺品，用心去做。自此，他觉得自己活得开心了许多，每天脸上都挂着微笑。

他的这种真挚的快乐，感染了他身边每天都垂头丧气，牢骚满腹的同事。有的同事问他，为何对这样一件毫无乐趣的工作充满了激情？布朗说到，之前我与大家一样，做汉堡这件事对我来说，其意义就在于每月能领到糊口的薪水，那种日子是充满愁苦的。而如今，我开始学着享受这项工作了，我每做出一个汉堡，就能感受到顾客因为它的美味而感到快乐，那我也体味到这项工作所带给我的成功，那真是一件美妙的事情啊。我每天都会感谢上天赐予我如此好的工作。

因为布朗的快乐的心情与用心的服务意识，这家店的生意开始变得异常地好，布朗的名气也越来越大，最终传到了麦当劳总管的耳朵中，布朗也得到了一个高层管理的职位。

很多时候，当你带着极强的功利心去工作时，你的工作是充满了枯燥和乏味，而当你能活在"当下"并能仔细地享受其中的时候，工作就会变成你人生的一种乐趣。所以，在工作中，我们切勿太过计较工作本身带给你的报酬，而是应该使自己全身心地处于"当下"，在工作过程中发现或挖掘乐趣，享受其中，那么，所有的愁苦便不存在了。不仅在工作中，生活中也是如此，当我们不情愿或不愿意去做一件事，而此事必须要做的时候，你要学着与自己的抗拒的内心和解，别用抗拒的心态去对待事情，而应该转变心态，融入其中，让自己的心与身都专注于"当下"，那么，你便很容易就能从中找寻到乐趣，并使自己真正地开心起来。

别为偶尔的批评抓狂

无论是工作还是生活中，我们总会遇到与我们意见相左的人，当我们表达自己的看法或做法时，会遭到他人的否定和批评。面对这些批评，我们常会感到不舒服，而且还会据理力争，甚至还会与他人大吵大闹，结果使事情变得更糟。事实上，很多时候，他人对你的批评，实际上是表达自我观点的做法，有的也是为了帮你改正错误，我们要怀着一颗宽容的心去体谅对方。还有一些人对你指出批评或否认则是忌妒你的表现，证明你本身很优秀，如此优秀的你，更不必去与他人计较了。

柏拉图在年轻的时候就已经非常有成就了，有一次，一个朋友送了他一把很精致的椅子，来表达自己对柏拉图的尊敬和肯定。

一天，柏拉图邀请了很多人到家中做客，大家看到了那把精致、漂亮的椅子后，纷纷询问它的来历。柏拉图高兴地给大家讲解，知道之后，大家也都纷纷对柏拉图表示赞赏。突然，其中一个人跳上那把椅子，疯狂地乱踩、乱跳，嘴里还不停说道："这把椅子代表着柏拉图心中的虚荣与骄傲，我要把他的虚荣给踩烂！"

这个人的举动让在场的所有人都吓了一跳！但随后柏拉图做了一个安静的动作，只见他从容淡定地回房间拿来了一块抹布，把那把已经被踩得脏兮兮的椅子擦拭干净。之后还请那位踩椅子的朋友坐下，不紧不慢地用诙谐并颇具深意的语气说道："谢谢你帮我踩碎我心中的虚荣，现在我也帮你擦去你心中的忌妒。这会儿，你可以心平气和地坐下和大家喝茶、聊天吗？"

有些人对那些无中生有的污蔑表现得异常激动，甚至反唇相讥，其实那都是没有必要的。如果换一种角度来看，当你遭到诋毁时，反倒应该觉得庆幸，这通常意味着你已经获得成功，并且深受别人的注意。因为正是你极具重要性，别人才会去议论、去关注、去污蔑。所以不要理会这些无聊的人，事实会让流言不攻自破。面对不善的诋毁，平静并优雅地给予回击是最有力度的反击。

有一次，爱德华·史丹顿称林肯是"一个笨蛋"。史丹顿之所以生气，就是因为林肯干涉了史丹顿的业务。为了取悦一个很自私的政客，林肯签发了一项命令，调动了某些军队。史丹顿不仅拒绝执行林肯的命令，而且大骂林肯签发这种命令是笨蛋的行为。当林肯听到史丹顿说的话之后，他很平静地说："如果史丹顿说我是一个笨蛋，那我一定就是个笨蛋，因为他几乎从来没有出过错。我得亲自过去看一看。"

林肯果然去见了史丹顿，也知道自己签发了错误的命令，于是收回了这项命令。只要是诚意的批评，是以知识为根据且有建设性的，林肯都是非常欢迎的。

如果我们所面对的批评是正确的，就应当虚心接受，并立即改正。世界上没有完美的人，每个人都存在缺点和错误。而批评是改正缺点和发现错误的良药。有句话说得很好，"是吾是者吾友也，非吾非者吾师也"，能够对自己的缺点、过失进行客观、公正、中肯的批评的人，正是关心自己的人。

有时候批评带来的不只是麻烦，它也许是让我们改正自己、鞭策自己的动力。如果我们遭遇的是恶意的、不公正的批评时，也不必忧虑，不必怨恨。往往对你进行恶意批评的人，从某种意义上来说他是对你存在忌妒的心理。所以，当你受到别人恶意的批评时，你一定是在某些方面超过了批评你的人，才会引起他的忌妒。因此，对于这种变相的"恭维"，你大可不必为之抓狂。

益则收，害则弃。对于正确的批评，我们应该欢迎，哪怕言辞激烈或只有1%的正确。但对于纯属恶意的人身攻击，诽谤、诋毁、中伤，我们如果不想被它所害，那就只有不去理会。我们要学习接受别人的批评，勇于改过。别人纵然误会我们，说错了，也不以为怪，不必计较，也不必争论，有则改之，无则加勉。

木屑已经很碎了，何须再去锯呢

为过去的事情懊悔、自责或忧虑，本身是对生命的一种浪费，因为生命的本质在于"当下"。对此，卡耐基说："为那些已经过去的事情忧虑，你不过是在锯一些木屑，那完全是在做无用功。与其浪费力气和时间做这样的无用功，不如忘掉它，想一些积极的方法防止类似的事情再发生。"的确，过去的事情再也不会有重来的机会了，与其忧心忡忡，浪费当下的时光，不如平静地分析错误，从中吸取教训，然后再把错误忘掉。

在几年前，露西在北京一处繁华的商业中心地带开了一家英语补习班，刚开始她就在房租和广告费上花了一大笔钱。再加上当时她只顾忙着上课，既没有时间，也没有心情去管理财务。而且当时的她也很天真，不知道应该有一个优秀的业务经理来统筹各项支出。

过了差不多一年，她突然发现，虽然补习班的收入不少，但却没有获得一点利润。这个时候，她本该静下心来反思两件事情：第一件就是将损失的那些费用立即从脑子中抹去，然后再也不去提及。第二就是认真分析错误，并从中吸取教训。可这两件事，她一件也没有做。相反地，一连几个月都恍恍惚惚的，觉也睡不好。不但没有从中学到任何东西，反而接着又犯了一个规模稍小的同类错误。接下来，她的补习班亏损得更多。为了尽快扭转局面，她只好打起精神，开始关心财务，开始算计着如何开源节流。几个月后，她的培训班的财务状况有了明显的好转，逐渐地开始盈利并走上正轨。

事后，露西曾对朋友说，解决问题本身是件简单不复杂的事情，早知道如此，何必当初被忧愁折磨那么长时间呢！

其实，生活中，如露西一样的人有很多，问题出来了，只懂得一味地抱怨、忧愁，一味地"锯木屑"，只能错失当下的机会或幸福。其实，人在做了让自己懊悔的事情后，最应该做的就是平静地反省自我，做出积极的反应来弥补错误。

保罗博士是美国纽约市一所著名中学的教师，他在任教期间发现这样一个问题：班上的有些学生平时看起来很用心，但是却总是考不出好成绩。

为此，他就对这些学生展开了调查，发现这类学生经常会为过去的成绩而感到不安，他们经常生活在过去的阴影里，只要有一次考试失败，他们就会生活在自责之中，以致影响了下一步的学习。有的学生甚至从交完试卷后就开始为自己的成绩忧虑了，总担心自己不能及格。为了开导这类同学，保罗博士给他们上了一堂难忘的课。

有一天，保罗博士把这类学生招集到实验室，在给他们讲课的过程中，无意间就把一瓶牛奶放在实验桌上。下面的学生们很是不明白这瓶牛奶与自己所学的课程到底有什么关系，只是静静地听着他讲课。忽然，保罗博士站了起来，一巴掌将那瓶牛奶打翻在地上，并大声喊道："不要为打翻的牛奶哭泣！"

课堂上的同学都震惊了，但是保罗博士却叫所有的学生都过来，并围拢到洒满牛奶的地方仔细观察那破碎的瓶子与淌着的牛奶。博士一字一句地说："你们仔细看一下，现在牛奶已经淌光了，无论你再抱怨，再后悔都没有办法去取回一滴。你们要是在事前想一些预防的措施，那瓶牛奶还可以保住，但是现在却晚了。我们现在唯一能做的就是尽快将它忘却，然后注意下一件事情。我希望你们能够永远记住这个道理！"保罗博士的这些表演，使所有的学生学到了课本上从未有过的人生道理。

"不要为打翻的牛奶哭泣"这是老生常谈，却是人类智慧的结晶。即使你读过各个时代很多伟人写的有关忧虑的书，你也不会看到比"不要为打翻的牛奶而哭泣"更有用的老生常谈了。事实上，只要我们能多利用那些古老的俗语，就可以过一种近乎完美的生活。

有一句俗话说得好，"即使动用国王所有的人马，也不能挽回过去。"的确，过去的事情，你再后悔也没有办法将过去的时光重来一遍。所以，既然过去了，就让它过去吧，我们没必要挽留，也不能挽回，为此而忧虑是于事无补的，是要做无用功，不要试图去锯那些早已锯碎的木屑了。

专注冥想：用提升专注力来平衡情绪

生活中，你是否常会因为一些小事而分心，很难集中你的注意力，即便暂时集中了也很容易在关键时刻走神？你是否在游玩的时候，常会因为想起工作中的某些事情而焦虑或揪心？你是否会在工作中提不起精神，不时地打哈欠、犯困，而到了该休息的时候又生龙活虎、精力充沛？你是否因为工作任务繁多而乱了章法，最终一项任务也未完成？以上这些都是注意力不够或者无法集中的表现。要知道，无论在工作中，还是在生活中，良好的注意力是我们提升效率，提升生活质量的有力武器，它能让人事半功倍，更好地投入生活的每一个"当下"时光。

但是，在快节奏的生活中，我们似乎已经忘了如何提升自己的专注力，下面的冥想法则可以帮你解决这一问题。另外，你在进行其他冥想时，这个方法也可以使你快速进入深层次的冥想状态。

1. 找一个舒服的姿势，让自己在放松的同时，也能够保持机敏。你可以选择闭上眼睛，也可以睁开眼睛，盯着半米外的某一物体。

2. 尝试着回想某个特别专注的人，想象如果他是自己会是什么感觉。这个人可以是你熟悉的，也可以是你了解的历史上的人物。感受冥想所带给你身心的和谐将你深深地包围，让你沉浸其中，滋养你，帮助你，温柔地把你的意识和大脑都拉向一个更加健康的方向。

3. 保持在 5 分钟内呼吸均匀，深切地体验你的每一次呼吸，从开始到结束，都要细细去体验。想象你的意识中有一个小小的守护天使，它紧紧地守护着你的注意力，一旦你开始走神就会立刻提醒你。把你的全部注意力都投入到每一次的呼吸上面，尽力将其他的杂念统统排空，学着忘记一切，所有的一切只剩下现在的每一次呼吸上面。

4. 现在你的意识已经非常安静了。注意力已经被集中在一个特定的目标之上了，比如，可能是集中到了你上嘴唇对呼吸的感觉上面。此时，你要重点去体察你每一次呼吸的不同之处，这能让你对呼吸本身更加专注。你可以在某一些细节上面下功夫，比如你可以深切地体会你嘴唇不同地方的不同感受。

提升注意力，也是控制人的认知意识的良好方法之一。心理学家指出，当你把你的注意力集中于某件事情上时，意识就能听话地集中在那里，而当你想让注意力转移到别的事物上时，意识也会听话地随心发生转移。当你的注意力保持稳定时，你的意识也会保持稳定，不会轻易被某些突然闯入你感知深处的各种事务所牵引或者劫持，能稳稳地定住，不会动摇。也就是说，很多时候，人的注意就像聚光灯一般，它照进你意识的哪一块，哪一块的神经联结就会得到强化。因此，强化你对注意力的控制能力是优化和重塑大脑与意识的最佳方法。要知道，若人的意识得到强化，那么，人的情绪属于意识中的一部分，情绪也能得到最大的稳定与强化。从这个意义上讲，提升注意力也是平衡情绪的良方之一。

第六章｜你所有的问题，都是因为不够爱自己

——当你开始爱自己，全世界都会来爱你

　　一位心灵导师说过这样一句话：人是不会改变的，除非感受到爱，尤其是对自己的爱。就是说，爱有非常神奇的力量，它可以使人真正地改变自己的个性、心理状态等。实际上，生活中我们一切的问题，都是因为不够爱自己。这里所说的爱自己，并非是指满足自我对外界或物质的需求，而是指爱自己的心灵。真正意义上的爱自己，就是能够真正地了解自己的内心，了解自己的需求，清楚自己意识层面的真实想法、感受和行为，遇到外界一切侵扰自己的因素，懂得坚守自我意念，不被外界一切力量所扰，让心灵获得真正的自由，这就是真正意义上的爱自己。当你开始爱自己时，你便不会轻易滋生抱怨、痛苦、烦恼、焦虑、纠结等负面情绪，心灵长出的不是戾气，而是平和、宽仁、慈爱了，到那时，你便会被全世界的爱所包围。

真正地爱自己，就是让心灵处于自由、愉悦的状态

生活中，我们常会听人说，在任何时候都要牢记爱自己，因为你是自己今生的唯一；善待自己，你将获得对自己的认同和理解；只有爱自己，才能更好地给予他人，让别人喜欢！在很多人的观念中，真正地爱自己，就是拼命地对自己好，满足自己在现实中对物欲的需求。实际上，这只是肤浅意义上的"爱自己"。真正地爱自己，是一种更深层次的表现，即了解自己，时时能审视自己的内心，关注自己内在的精神需求，呵护自己的心灵，让自己时刻处于一种无忧无虑的自在、愉悦的状态。

可是生活中，我们的心灵之所以很难获得自由，主要是被过去发生的一切所缠绕、撕扯。同时还会对未发生的事情产生恐惧、担忧。要真正地摆脱这两种烦恼，我们要做的就是接纳。对此，心理学家武志红先生曾说过："追求人格的自由，结束已经发生的事实对我们心灵的羁绊只有一条途径：接受已经发生的事实，承认它已不可改变。假如你做到了这一点，那么过去的事实仍然存在，它并未消失，也未被你所遗忘，但你对它的纠结便结束了，而你也真正地获得了自由。"同样的道理，要摆脱你对还未发生的事情产生的恐惧、担忧，也是接纳这种恐惧、担忧，承认你的担忧对解决未来的问题是毫无用处的。这里强调的还是"接纳"，而不是抗拒。

美国人本主义心理学家罗杰斯说，一个人的人格就是过去所有人生体验的总和。从这一点上而言，我们对自己过往的所有经历都不能持否定的态度，因为否定自己所经历的任何事情，都是在否认自己人格中的

一个部分，就会或轻或重地导致人格的分裂。并且，你所否认的那一部分，绝对不会因为你的否认而消失，它只是被你压抑进潜意识中，仍然在对你发挥影响。更为糟糕的是，当它发挥作用时，因为是来自潜意识，你的意识对它一无所知，于是你对它丧失了控制能力。为此，要想使自己的心灵获得自由，处于愉悦的状态，一定要懂得接纳自己的过去，不为过往的过错而懊悔，更不为曾经的不堪回首的经历而郁郁寡欢。

美国著名的脱口秀女主持奥普拉·温弗瑞本是个丑女人。按道理说，长相丑陋的女人要上电视做主持几乎是不可能的事，更别说要出名了，但奥普拉偏不这样想。

在通往成功的路上，她对自己的过去毫不避讳地坦然，而且永远将灿烂的笑容挂在脸上。挥别过去的伤痛，她不断地与贫穷、肥胖、事业挫折等问题抗争，最终取得了累累的硕果：通过控股哈普娱乐集团的股份，掌握了超过10亿美元的个人财富；主持的电视谈话节目"奥普拉脱口秀"，平均每周吸引3300万名观众，并连续16年排在同类节目的首位。如今的她已成为世界上最具影响力的妇女之一。

她说，每个女人都应该勇敢地挥别过去，听从"内心的呼唤"，只有一个相信自己的女人才能成为生活和事业上的强者，"如果你相信自己有朝一日可以当上总统，也许有一天你就能如愿"。

如今的她已经50岁出头，但人们看到的依然是魅力四射的她。据说因为她而使很多女性甚至盼着能早点到50岁，好借此获得奥普拉一样的魅力。当然，拥有这样的魅力不只是靠年龄，而是在经历了生活的苦难之后，依然能积极地接纳自己，保持灿烂微笑、不改初衷，并时刻持有一颗赤子之心的人，这也是强者的姿态。无论生活给了她怎样的难题，她都没有逃避，也不曾为自己找过任何的借口，永远笑着面对。

的确，积极地接纳过往，就是悦纳自我的一种表现。直面不堪回首的过去，才能让心灵处于一种灵动、愉悦的状态，才能以更好的姿态面对未来。要知道，过去的一切已经成为你生命中的一部分了，无论你心中再否认，都不能将它们抹去。与其抱着不堪的过往痛苦地呻吟，不如好好地抓住当下，过好眼前的每一天。

不苛刻，不自责，接纳自己的不完美

生活中，我们常会听人说："我觉得我自己不够有领导力，虽然我从小到大一直都是班长，但我觉得自己不够霸气，没有其他人那么有号召力。"

"我觉得自己比较挫，从上学到毕业，考试都没及格过，可见我的智商真的不高呀！"

"我觉得自己性格很有问题。我比较内向，常常不知道怎么和领导打招呼。上台演讲的时候，我也很容易紧张。"

……

以上这种千奇百怪的说法，归纳成一句话，那就是"我有问题"。这就是不接纳自己的表现，生活中多数人都有类似的想法。不接纳自己，就是对自己有诸多的要求，时时对自己产生不满情绪，总是处于自责中。同时，他们也经常拿苛刻的条件去要求他人，尤其是关系亲近人的身上，经常盯着他们不好的方面，对他们不满，丝毫没有耐心。

今年30岁的丽达是深圳一家公司的高管，年薪40万元左右，而且人也长得漂亮，身材也不错，并且已经在深圳安家。在很多人眼里，她是大家美慕的对象，生活富足，无忧无虑。但她却觉得自己过得很不幸福。

　　她时常会向朋友抱怨说，自己其实一点都不优秀，她总是忍不住会盯着自己的缺点自怨自艾，强迫自己一定要去改善，一定要将事情做得足够完美。尤其在工作中，稍有差错，她就会自责不已。尽管她已经是上司与同事眼中的佼佼者，但是她觉得自己活得很累，一点都不开心。

　　对心理方面颇有研究的她也了解到，自己之所以对凡事都苛求完美，是因为她自小在苛刻的环境中长大。丽达在很小的时候，她的父母就对她管教极其严格，严格到苛刻的程度，长大后，她也这样要求自己，因为对自己要求高，也努力，所以她获得了现在的成功，但是觉得太累了，现在想要放下，却发现没那么容易，每当事情有一点点不完美时，自责和内疚就自动冒出来。

　　丽达的表现就是不能接纳自我的表现，在旁人看来，她是极为优秀的，但她内心种种对自我的苛求和责备使她处于痛苦和烦恼中无法自拔。她的内心是敏感的，无法容忍别人对她的否定，很容易受到源于现实的伤害。生活中，我们多数人的烦恼、痛苦和纠结，都源于我们无法接纳自我，对自我始终持否定和苛责的态度。

　　心理学家指出，爱自己的前提就是懂得接纳自己，包括悦纳自身的缺点，即允许自己犯错，并且自己能够承受犯错所带来的结果，而不是通过辩解、指责来进行自我保护。同时，允许自己在某方面的弱势，并不为此而感到自卑。同时，自我接纳也是反思环境、他人对自己的影响，重新选择目标，而不是潜移默化地受环境、他人的影响去做事，做不到的时候，就自动自责、内疚，自我接纳是做自己，而不是做环境和他人的受害者。那么，要积极地接纳自我，我们应如何去做呢？

　　1. 了解一下身边其他人的情况。小时候，父母总是说"看看别人家的孩子"，让你有一种错觉，别人家的孩子都挺好，就你不行，实际上，大家其实都差不多，意识到大部分人都跟我们差不多，只不过对方的优点过早地显现出来罢了。如此这样想就容易接纳自我。

2. 要清晰地意识到自己为何会变成如今这样。我们对自己有诸多的要求，完全是内化了小时候父母、老师对我们要求，他们用种种方式告诉你，如果你不按他们的要求做，你就不优秀、不讨人喜欢，所以，为了证明自己能行，获得他们的喜欢，我们内化了这些要求，认为自己一定要做到，否则自己就不够优秀，就不值得被爱。小时候，我们没有机会，因为我们也不懂，只能受环境影响，但是长大后，我们可以选择去接纳，无论我们做到与否，我们都有自己的价值。

3. 感恩不接纳给自己带来的成长。过往的不接纳经历，其实并不一定是坏事，就像故事中的丽达一样，她对自己的不接纳，虽然给她很大压力，也不幸福，但也是她奋斗的动力，正是因为她对自己强烈的自责与不满，让她持续努力，只是努力到一定程度之后，在适当的时候一定要懂得放下。

感恩不接纳带给我们的成长，也适时放下，如果觉得过往的都是错的，反倒是另一种不接纳，也容易充满抱怨，更难放下。

其实，接纳自己是需要一个过程的。你这么多年养成的对自我苛责的习惯，不是想放下就可以放下，自我接纳，就是要先从接纳"不接纳的自己"开始，给自己一点时间去成长，成为内在和谐的自己。

这里我们需要知道的是，自我接纳，并不是对自己没要求，而是将苛责化的要求变成选择，选择那些自己真正喜欢做的事情并全情地投入，放弃那些为了他人、环境认可而"迫不得已"做的事情，让心灵获得自由。

时时给自己来个"自我安慰"

生活中，每个人时时都有可能遇到不顺心的事：因工作疏忽被公司解雇，因一句无意的话被朋友误解，孩子成绩下滑……当遇到这些，无人在意你的痛苦时，一定要学会自我安慰，否则，长时间沉浸于心理不平衡的状态，只会影响我们的生理以及心理健康，让人生陷入一片沼泽地。

大风刮起了风沙，漫天都是。一个人走在路上，看不清楚远方，唯能看到离自己几米的地方。他掏出火柴想点燃一支烟，就背一边迎风，之后划火，一边说道："点烟不过三，过三不点烟。"

但是三根火柴都划过了，刚划着就被大风吹灭，烟仍旧没点着。于是便大声地说道："点烟不过七，过七不点烟！"于是，就又试着划了四根火柴，但是风实在是太大了，烟仍旧没能够点着，于是，他便轻声安慰自己说："管他三七二十一。"

点烟的人看似有些可笑，但却有十分积极的一面。因为他在尽力后，仍旧无力改变现实的时候，懂得自我安慰，让自己轻松很多。这也是对现实接纳后的一种与自我和解的一个小良方。生活中，相信每个人都会遇到此类的小事，而且很容易被它所纠缠，甚至会使我们的精神处于崩溃的边缘。

心理学家认为，人的自我评价的好恶主要来自自身价值的选择，当我们被消极的情绪所困扰的时候，我们可以试着改变原来的价值观，学着从价值相反的方向进行思考，你的心情就会马上发生良性的变化，这也是懂得自我安慰的积极意义，也是爱自己的表现。当烦恼来临的时候，与其在那里唉声叹气，惶惶不安，不如拿起心理调节的武器，从相反的角度去考虑问题，那么情况便会由阴转晴，你就能彻底地从烦恼中解脱出来了。

在沙漠边缘住着两户人家，家中的两位女主人都很能干。她们住的这个地方，有时候会经常刮暴风，暴风一吹就是几天几夜。很多时候，风势很是强劲，很是猛烈，有时候，会将周围的房子掩埋。同时，暴风还十分地热，吹得人的头发似乎被烧焦了一般。所以，生活在沙漠周围的人都很烦恼。

但是，面对无法改变的事实，这两户人家的女主人却很少抱怨，暴风过后，她们会立刻展开行动，将家中所有的小羊羔都杀死，因为他们知道那些小羔羊，反正是活不成了；而如果将小羊羔杀死，却可以挽救母羊。

在屠杀了小羊之后，她们就将羊群赶到南边的绿洲中去喝水。所有这些行动都是在冷静中完成的，对于家中的损失，她们没有任何的忧虑和抱怨。

她们经常这样说："就算我们损失了所有的一切，我们仍旧会感谢上帝，因为我们可以从头再来。"

那两位妇人在遇到灾难后，不愤怒、不生气，仍旧还能保持积极乐观的心境，在于她们懂得自我安慰！

其实，生活中，每个人都要学会自我安慰来排解心灵的烦恼。人要尊重自然规律，面对社会现实。在无可奈何的情况下，要懂得放弃，顺势而为，懂得自我取乐，这是让自己避免痛苦，活得轻松的重要法宝。

俄国作家契诃夫这样写道："要是火柴在你口袋里燃烧起来了，那你应该高兴，而且还要感谢上苍，多亏你的口袋不是火药库。要是你的手指扎了一根刺，那你应该高兴。挺好，多亏这根刺不是扎在眼睛里。"懂得自我安慰的人，很容易在失败或者困境中降低自己的挫折感。世界上那么多人，每个人在自己的世界中都是巨大的，可是在别人眼里通常又是微不足道的。每个人也许不能期许命运之神的特别眷顾，无法从外界得到救赎，起码我们可以自我安慰。请记住：当你痛苦却又没人注意的时候，一定不要忘了，你还可以自己安慰自己。

无力承担时，要勇敢地说"不"

生活中的累多数源于心灵的不堪重负，这种不堪的重负很多时候也源于他人的请求。很多时候，我们害怕或者不愿意拒绝别人的请求，因为害怕失去良好的人际关系。所以，当他人向你提出不合理的请求时，我们常常会感到为难，以致每次都心软地答应或接纳。即便无力承担时，还是要苦苦地支撑。学会爱自己，就要在心灵不堪重负时，勇敢地说"不"，给心灵卸压，这也是与自我和解的一个方面。

林哨是一家公司市场部的职员，前段时间，公司新招了几个员工，因为是新手，所以很多事情都需要林哨来帮忙。林哨以为，自己帮忙带新人本是应该的，但是部门领导交代了一些基本性的工作给新人之后，林哨的烦恼也来了。因为林哨的性格比较开朗，新员工觉得她极好说话，很好相处，有了困难更是愿意找林哨帮忙。一开始，林哨对每个人都很热心，但是到了后来，因为总是帮助新人而影响到了自己工作的进展，有时候，她本来每天可以按时完成的工作任务，必须要加班到很晚才能完成。并且在最近，领导也屡次因为她迟迟无法按时上交的工作提出了批评，她自己也为此而烦恼、焦虑不已。虽然林哨总被新人出现这样或那样的情况所"绑架"，但每当新员工提出要她帮忙时，她又实在说不出"不"来拒绝。

相信大家都曾有过林哨的经历，当周围的人向你提出某个要求时，我们内心虽然会产生某种抵触的情绪，但为了维护自己的面子，只能违心地答应，最终给自己的心灵带来不堪忍受的负担。真正地爱自己，就不能太过委屈自己的内心，所以说，当心灵不堪重负的时候，学会勇敢地对他人说"不"是我们必备的一种技能。生活中，遇到林哨那样的情况，我们可以微笑着委婉拒绝，并且告诉同事自己有很多的事情需要处理，让新员工自己去尝试解决。这样，不但可以使自己脱身，而且也不会破坏同事间的关系。

生活中，很多人因为"面子"的关系，不懂得去拒绝他人。因为在他们看来，拒绝了对方，便会给自己造成一种内疚感，认为自己不近情理，缺乏吃亏是福的优良品性，这只是面子所惹的"祸"；当别人向我们提出要求时，我们会表现得唯唯诺诺，根本缺乏拒绝的勇气，这就是内心不够强大的直接反映。其实，无论是哪一种情形，只要我们不乐于去做，却又没有适时地拒绝，都会给自己或多或少地造成一定的麻烦，影响自己的工作和生活，甚至给个人的心理健康带来极大的危害。敢于拒绝、善于拒绝的人，知道如何把拒绝说出口，我们也应该及时解开心结，大声说出"NO"，而不是陷入难堪、困惑之中。如何把拒绝说出口呢？首先要正视拒绝、了解拒绝，从客观和主观上懂得拒绝给我们带来的益处。要知道，你不可能让所有人满意，老好人情结到头来只能给自己带来伤害，轻易说出"YES"就是对自己的残忍，太多的不好意思只会让自己活得身心疲惫。学会拒绝，掌握拒绝的方法和策略，才能在竞争中更好地保护自己。

我们常说："人应该有所为，有所不为。"这里所说的"不为"就包括学会拒绝。对于拒绝，很多人都有一个错误的观念，认为拒绝是一个贬义词，拒绝代表着一种排斥、一种隔阂、一种敌视，是一种迫不得已的防卫。实际上，恰恰相反，拒绝不仅不代表软弱，不意味着逃避，而且是一种更主动的选择，是对自己负责以及对别人负责的一种表现。学会拒绝，不是绝情，而是一种点到为止的理性，是一种为人处世的智慧。当然，这也是爱自己，与自我和解的一种良方。

勇敢去选择自己喜欢的工作

人的坏情绪或者坏脾气多源于工作：工作不顺心，心情会烦躁；与同事因为一个方案发生争论，心情会郁闷；方案被领导否定，心情会沮丧……其实，这些烦恼都源于一个原因：那就是对目前的工作还不够喜欢。人在从事不喜欢的工作时，上班就成了一种负担，成了一种应付，那么一遇到不顺便会烦躁不安。

毕业于北大中文系的刘忠，因为擅长写作，所以就到一家报社任编辑工作。刘忠为人忠厚老实，而且工作也做得极好，深受领导的器重。其实，在这个职位上，他本人也从内心喜欢这个工作，做得得心应手，个人价值得到了体现，无论多繁忙，工作多烦琐，他都做得很开心。

因为工作出色，不久，领导就想提拔他做发行部主管的职位。对于这样的职位，刘忠并不想去做，因为他自己并不善于做管理，后来，耐不住领导的动员，勉为其难当上了销售部部门主管。

在这个职位上，刘忠干得很是辛苦，但勉强称职。不久之后，上级领导就找他来谈话，要他出任销售部总监的职位。他当初很是犹豫，但还是答应了，因为销售部总监这个职位薪水很高。然而，几个月下来，刘忠简直苦不堪言，他自己根本不善于做管理，尤其是协调上下级关系时，而同时，他自己的销售工作也没做好，每天都顶着巨大的压力，痛苦不堪。

生活中，很多人都在自己不适合的职位上每天劳心劳力，痛苦不堪，与其这样，还不如果断放弃，去选择自己愿意和擅长的工作，这样一方面可以减轻自己的压力，另一方面还可以让自己享受工作的乐趣，何乐而不为呢？

董娴是个快乐的女人，每天脸上都洋溢着幸福的笑容，有人问她为何如此幸福，她说道："白天我有一份自己喜欢的工作，晚上有一个自己爱的老公，这样算下来，我一天 24 小时心情都是愉悦的，还有什么理由不幸福呢？"

不可否认，男人和工作都是女人一生获得幸福生活的重要源泉，身为女人，如果你有一个自己爱的恋人，那么就请为自己选择一个喜欢的工作吧，这样你也会像董娴一样，一天 24 小时都能沉浸在快乐幸福之中了。

美国轮船制造商古利公司的董事长大卫·古利先生说："如果你喜欢你的工作，即使你的工作时间长，你也丝毫不会感到厌烦，而是感觉在做游戏。"这句话是很有道理的，当你喜欢你的工作时，你很容易取得成就，并且不会为自己的工作而苦恼。爱迪生在实验室里每天都工作18 个小时，但是他并没有觉得辛苦，而是十分地享受。正因为他喜欢自己的工作，他取得了巨大的成功。所以，在选择工作的时候，女人尽量要选择自己所喜欢的工作。

当然，一个人要选择自己喜欢的行业、岗位，首先应考虑的是自身的性格和兴趣。你只有在充分认识自己性格的基础上，尽量选择那些可以最大限度地利用现有的经验，并与自己个性爱好相吻合的行业，才能让自己在工作中获得快乐的同时，做出成就来。

现实生活中，很多人选择工作或职业，都会为了所谓的"高报酬""面子""荣耀"等因素去选择一个自己并不喜欢的工作，最终只能在岗位上痛苦、抱怨。

你要知道，我们工作不仅仅是为了得到报酬，还是对自己人生的一种体验，如果你从一份工作中难以得到快乐和幸福，那么即便能拿到再高的报酬，也是得不偿失。所以，从现在开始，你可以扪心自问：有没有觉得只要面对或提及工作时，脑袋就像一团乱麻？有没有觉得自己的性格使你很难真正投入到工作中去？有没有觉得自己的工作让你很不开心甚至痛苦？有没有觉得很想换个工作？有没有觉得现在的公司根本没有当初想象的那么好？有没有觉得自己当初完全是为了生存压力而来的，实在不适合自己？你从你现在的工作中真正得到了什么，学到了什么？对你的工作有成就感吗？

对于上面的问题，多数的回答是肯定的，那么，你就该好好反思一下自己的工作是否适合自己了。这个时候，你必须学会选择，懂得放弃，重新认识自己，给自己一个明确的定位，然后选择自己所喜欢的。

勿让心灵流于空虚

人的情绪问题，除了源于外界的压力外，还源于心灵的"空虚"：一个无事可做的人，心灵最容易滋生烦恼，也最容易没事找事，那么，坏情绪也就如影随形了。所以，要善待自己，清除坏情绪，不要让心灵处于空虚的状态。生活中，多数人都认为，清闲、懒惰是一种福气，殊不知，它带给人的是一种碌碌无为，灵魂的空洞，也会让生命失去其原有的精彩。

有一个和尚，在寺庙中整天念经，经常感到心烦。

在一天夜里，他做了一个奇怪的梦，梦见自己在去阎罗殿的路上，看到一座金碧辉煌的宫殿，同时，宫殿的主人看到他后，就请他留下来居住。

小和尚说："我每天都忙于念经和学习佛法，现在每天只想吃，想睡，我非常讨厌看书。"

宫殿主人答道："如果是这样的话，那么世界上再也没有比这里更适合你居住的了。我这儿有丰富而美味的食物，你想吃什么就吃什么，不会有人来打扰你。而且，我保证没有经书给你看，你也不用去刻意领悟佛法！"

听罢此话，小和尚就高高兴兴地住了下来。

在开始的一段日子中，小和尚每天除了吃，就是睡觉，感到异常地快乐。渐渐地，他觉得有点寂寞和空虚，于是就去见宫殿主人，就抱怨道："这种每天吃吃睡睡的日子过久了也没有多大意思，我对这种生活已经提不起一点兴趣了。你能不能给我找几本经书看看，或者时不时地给我讲几个佛祖的故事听呢？"

宫殿的主人答道："对不起，我们这里从来不曾有过这样的事，你还是待在这里面好好地享受吧！"

又过了几个月，小和尚感到内心空虚极了，就又去找宫殿的主人："这种日子我实在是过不下去了。如果你再不给我经书念，我听不到佛法，宁愿去下地狱！"

宫殿的主人轻蔑地向他笑了笑："你以为这里是天堂吗？这里可是真正的地狱呀！"

人活着就需要思考，需要劳动，如果你整天生活在安逸之中，衣食无忧的，表面上看似享受，其实无异于活在地狱中。长时间将自己浸泡在安逸之中，人也无异于成了行尸走肉。

所以说，一个人最可怕的行为，就是丧失了理想，没有了进取心，一味只想着去追求享乐，让心灵处于一种空虚的状态。这样只会让你越来越堕落，不会珍惜你所得到的东西，也不会对周围的事物心存感激，更不容易得到满足，如此一来，自然会被坏情绪所缠绕。相反，如果一个人的生活是充实的，那么，他就很容易收获快乐，珍惜自己所拥有的，对周围的事物心存感激。因此，无论你是腰缠万贯的富豪，还是一贫如洗的穷困人，永远要记住，只有树立自己的理想，做出真正的成绩，才能切实地体会到生活赋予你的精彩。

鲁克丝是一家金融公司的职员，他每天都会向妻子抱怨："每天，我只是照常工作、生活，可总是觉得心里好似有什么不对劲，似乎我不知道为什么工作？为什么生活？常常有一种极为空虚的感觉。再看看周围的同事，工作得极有意思，玩得也潇洒。可我工作起来丝毫感觉不到踏实，玩起来也觉得不开心，干什么都觉得无味极了。这种情绪让我整天百无聊赖，情绪懒散，却又不懂得如何解脱。"

人活着就需要思考，需要劳动，如果整天使心灵处于空虚之中，对周围的一切事都毫不感兴趣，也等于在折磨自己。

早期的太空英雄巴兹·奥尔德林在成功地登陆月球后不久就精神崩溃，他的亲朋好友都对他的遭遇感到极为困惑，因为奥尔德林在登月之后，其感情和家庭方面都很春风得意。

几年后，奥尔德林在他撰写的一本书上回答了周围人对他这种遭遇的疑问。奥尔德林这样写道："导致我精神崩溃的原因很简单，因为我不知道自己在登月之后，以后该做些什么！自己如何才能继续生活下去。"

这就是说，奥尔德林除了登月这件工作之外，在其他方面没有任何的目标，致使心灵处于空虚之中，最终使自己的精神处于崩溃的边缘。

在生活中，有些人在前进的道路上步步向前，极为充实；而有的人则止于中途，让心灵感到空虚或迷惘，其主要在于，后者没有找到属于自己的生活信仰。卡耐基说过，"我非常相信，及时地发现生活的乐趣，为人生找一个前进的目标，是获得心理平静的最大的秘密，因为我心中时刻充满了信念。而我也相信，只要我们能及时发现生活的乐趣，我们的行为都是十分有趣的。并且能够清楚地知道自己的下一步该去做什么，我需要过一种什么样的生活。这样至少可以消除掉我 50% 的忧虑！"

那么，在生活中，要除掉自己心灵的空虚，我们该如何去做呢？首先要提升自己的心理素质。在相同的环境中，同样遇到挫折，由于心理素质不同，有人偃旗息鼓而轻易放弃为空虚所困扰，有人却能直面困难毫不畏缩而始终愉快充实。因此，有意识地加强自我心理素质的训练，认识自己，找回本我，将空虚及时地消灭在萌芽状态。

面对空虚，我们需要习惯独处；人始终是一个孤单的个体，所有的人只能徘徊在心灵之外，你的内心到底有什么只有自己知道。当我们选择一个适当的时间，试着关上所有电器和通信设备，关上一切外在的喧哗的东西，甚至关上灯、闭上眼睛，一个人享受来自内心的宁静，透过那份空灵来审视自己，你就会发现你很喜欢这种纯净的感觉，摒弃外在的繁华，你只属于自己。

面对空虚，我们需要有追求。俗话说：治病先治本。因为空虚的产生主要源于对理想、信仰及追求的迷失，所以树立崇高的理想、建立明确的人生目标就成为消除空虚的最有力的武器。当然，这个过程并不是一蹴而就的，但当你坚定地向着自己的人生目标努力前进时，空虚就会悄悄地远离你。

不苛求完美，演绎"绝版"自我

一位哲人说：人生最大的悲剧就是虽然你拥有了一个完全属于你的生命，但你却不敢把真实的自己完全表现出来，并因此而深深地痛苦着。要爱自己，首先要承认自己是个独立的个体，并且不轻易改变自我去取悦他人，更不去随意模仿他人。比如，你要知道什么样的化妆、发型、衣服最适合自己。不轻易跟着时尚走，只要求看上去像自己。同时，你要为自己因与他人不同而自豪，自觉得那才是自己真正的价值所在。同样地，出门在外，别老盯着别人的包包、衣服是什么牌子，能让你一眼看到"价钱"的东西，通常都跟"价值"没什么关系，我们真正的本事，就是做一个"无法复制"的"绝版"自我！

受人追捧的"魅力之星"奥黛丽·赫本并不是一个真正的美人，她平胸、清瘦，手足细长，但是，她散发出来的气质却让人觉得她就是一个完美的女人。这是因为，奥黛丽本人对于自己的外表没有太多的苛刻，她说："每个人都有缺点和优点，将优点发扬光大，其余的便不必理会。"她的观点值得每个爱美的女士借鉴，而她的独特气质和个性已将她塑造成美好的典范。

相信看到对赫本的这一番介绍，外表不怎么美丽的你，一定会恍然大悟！原来，真的没必要太苛求完美，因为自己比别人矮而自卑；也没有必要为自己缺乏健美的身材而气愤不已；更不必因为自己某方面的缺憾而自怨自怜。"金无足赤，人无完人"，每个人都是不尽完美的，有缺陷没什么可怕的，可怕的是我们表现出一副灰心丧气的样子来，自暴自弃、悲观厌世，自信和热情被有意无意地压制，如此内心的力量也就很难被激发出来。

要让自己充满魅力，就要懂得包容缺点，演绎独属于自己的"绝版"人生。只有懂得肯定自我，心平气和地接受自我，你的人生价值才能从此而生。

世界上没有完美的个人，就像我们永远也找不到一片完美的树叶一样，但是谁能说不完美就不是美女、就没吸引力?! 世界名作维纳斯的雕像之所以美不正是因为缺少了双臂，才产生了震撼心灵的效果，迎来更多游客的青睐吗?

欧洲曾在瑞士的洛桑举办了一次"最完美的女性"研讨会。与会者通过一致的逐一的鉴别后公布的结果是：最完美的女性应该是有意大利人的头发，埃及人的眼睛，希腊人的鼻子，美国人的牙齿，泰国人的颈项，澳大利亚人的胸脯，瑞士人的手，斯堪的纳维亚人的大腿，中国人的脚，奥地利人的声音，日本人的笑容，英国人的皮肤，法国人的曲线，西班牙人的步态……所有这些还是不够的。完美的女性还应有德国女人的管家本领，美国女人的时髦装束，法国女人精湛的厨艺，中国女人醉心的温柔……然而，即使上帝重新造人，也不可能集这些优点于一人，因此，与会者达成的共同的结论是：真正完美的女人是根本不存在的。

既然如此，我们何必要纠结于自己这样那样的不足和缺陷呢? 适当允许一些不足的存在，给不完美的自己一点赞赏吧! 相信这种发自内心的肯定力量，会让你变得自信起来，气场变得强大起来，生活也会变得更加美好。

看看那些气质女王吧，虽然她们自身也并不完美，但她们都能够接受"不完美"的自己，并以积极的态度，认真地审视自己的不足，勇敢地战胜它，所以她们的气质比别人要稳定而完整，她们的人生也比别人辉煌得多。

从现在开始，好好审视一下自己，找找自己有哪些不足。给不完美的自己一点赞赏，正视并承认自己的不足，并尝试着改正自己的不足……相信不久以后，你将变得越来越接近完美，将一个崭新的自己呈现在众人面前。

时时都懂得"富养"自己

善待自己，是一个人的夜路总能寻找前方的灯；善待自己，是生命快乐的宣言，是对生命的庄重的承诺；善待自己就是珍视自己的心灵。一位哲人说，人一生最靠谱的幸福，就是拼命地对自己好，让自己内心丰盛无比，外表灿烂得如初阳，一次随心所欲的行动，都会让自己倍感满足，这样的人，心灵是健康和富足的，生活是优雅的，工作是开心的。

在物质层面，懂得"富养"自己的人，在物质上从来不苛责自己，逛商场，喝咖啡，每天把自己装扮得精致迷人。当然，他们不会为了享乐而铺张浪费，而是懂得花心思让自己活得更快活。这样的人也是富有智慧的，他们懂得，生活中的痛苦，除了自己，没有人能帮自己承受。所以，无论遭遇什么，他们都不会折磨自己，而是学着把一切看淡，然后去搜寻生活中的快乐。

"这世界上没有比自己更可靠的人了，所以一定要对自己好！"艾米尔是一位画家，她总是对她的朋友们重复这样一句话。

她是做美编工作的，因为天生对色彩和画画有极特别的感觉，加上没有专业的美术理论的框架和束缚，所以，她的油画充满了创意。艾米尔最近认识了一位事业成功的男士，不仅事业有成，而且极富风度。

"你男朋友身边都是成功女人，有钱有势，你不担心被甩掉吗？"一位朋友曾这样以调侃的语气问艾米尔。

"他不是你的，担心有用吗？我们俩虽然在一起半年了，但是无论吃饭，还是出去逛街，大部分的支出都是AA制的。对于一个画画的人来说，没有什么比才华和名气更为重要的事情，那才是真正的无价之宝！"艾米尔这么说。

可见，懂得"富养"自己的人，无论追求物质还是滋养心灵，快乐是他们生活的第一目标和宗旨。他们懂得，只有自己快乐，才能给周围的人带去快乐。这样的人无论走到哪里，都能用积极的情绪感染他人，谁能说他们没有吸引力呢？

懂得"富养"自己的人，总能理智地面对感情。他们不把爱情当成自己生活的全部，绝不会委曲求全去换一个人的爱情。当一份爱情离去，他们会以微笑相送，然后接纳现实，与自我达成和解，全身心投入到工作和学习中，让自己尽快从阴影中走出。

同时，懂得"富养"自己的人，即便是在婚姻中，也不会把自己全部奉献和牺牲给家庭。他们懂得给自己留出时间和空间，自己独身出去旅游。他们也会躲起来去读自己早想读却一直没时间去读，自己认为最有意思的图书。他们会去买自己以前想买，可总舍不得买的时装。让自己足够美丽、漂亮，也是为了给自己一个好的心情。

"富养"自己的心灵，是智者的生活目标。他们懂得：人的狭隘、纠结、怯弱，全都是因为世面见得太少。为此，他们会旅行、读书，但凡能让自己内心丰富的事情，都会去尝试。他们懂得，只有心灵富有的人才不会被外界的一切琐事所烦扰。

"富养"自己的人，最懂得用钱解放自己。他们懂得，不舍得为自己花钱的人活不精彩，因为他从心底并未肯定自己的价值。他们对自己的每一份宠爱，都会长成皮肤上一股别样的气质和自信。

顺其自然，切勿去苛求自己

心理学上说，不甘人后是人类最基本的心理特点。生活中，每个人都希望自己能抓取机会，尽早地达成自己的意愿。于是，我们会苛求一个并不适合自己的工作，苛求一段写满了"伤疤"的感情，苛求一段并不真诚的友谊，苛求自己做一件并不情愿的事情……雨果说："苛求等于断送。"过分苛求自我，是对自我最大的不尊重，也是在给自己的生命套上枷锁，使自己变得烦躁不安。

已经是凌晨 2 点钟了，静怡房间的灯还亮着，她正坐在书房中拼命地攻读英语，神色有些憔悴。其实，这种状态已经持续 3 个月了，这段时间中，她的脑子中总是重复着：学习、考试。静怡之所以如此地紧张、勤奋，主要是因为她的成人英语资格证书考了四次都没有通过，这个月要考第五次了。

其实，静怡是一家国企的中层管理人员，平时工作较为出色，是企业的重点培养对象，很有可能在不久的将来会升职。本来，她的工作用不到英语，但因为大学时她的英语资格证书没有考过，一直很不甘心。于是，毕业后就与英语叫上了板，不考过决不罢休。

静怡从小就受到极好的教育，做事也极为认真，责任心很强。但她从小到大却总是惧怕考试。平时学习挺好，但一到考试就落后，尽管她惧怕考试，但她还是不想让自己的人生留下什么遗憾。在每一次临考的夜晚，她总会胡思乱想，而且想着想着就睡不着了，结果，第二天考试就考砸了。几年下来，她仍然没能如愿拿到那个资格证书。如今，为了这个考试，她每晚都强迫自己去认真学习，由于太过紧张和焦虑，她几乎每晚都会失眠，脾气也变得急躁了许多，这已经十分严重地影响了她白天的工作，整个人都变得异常痛苦。

静怡的痛苦主要源于她太过固执，过分去苛求不必要的东西。其实，对于她来说，英语资格证书既然在她的工作中用不到，就没有必要那样去苦苦地折磨自己。

现实生活中像静怡这样的人有很多，他们总是为了一些无关紧要的理由去强迫自己达到某一目标，过分地苛求自己努力做到最好。在工作中，他们崇尚完美主义，不轻易去相信别人，事无巨细，大事小事总是一人包揽；他们甚至不敢公开表达自己的消极情绪，长时间的压力与压抑让他们产生了极为消极的心理反应。其实，如果仔细静下心来想想，又何必呢？我们不能做到最好，完全可以放松心态甘心做到很好；不能拥有伟大，完全可以静守平庸，用轻松的人生规则主宰自己的快乐又有何不可呢？

许多人在工作中经常会抱怨："我一定要在一年内升职、加薪""我一定要在某个领域之中做出最大的成就，成为某方面的专家"……但是很多时候，这些不切实际的理想与追求只会成为我们的一种负担，会羁绊我们实现那些切合实际的理想，同时也是对自我心灵的扭曲。

你要明白，人生苦短，韶华易逝，执着于一个目标、一个信念那是大勇，但是如果目标不合适，或者客观条件不允许，与其蹉跎岁月，徒劳无功，还不如干脆放下。放下那宏大的美丽的理想，选择那些触手可及的目标，让人生处于一种祥和自然的状态中，从中去体味生命的真义。

有一次，晓琳去外地参加一个重要的会议，在一个没有电梯的宾馆，从一楼到五楼之间上下了六七趟，几趟下来，感觉腿脚发麻、浑身无力。而与她一同参加会议的一位年迈的老太太却大气不喘，精神焕发。

晓琳与老人闲聊后才知晓她已经有 70 高龄，是这次会议的特邀嘉宾。这么大的年龄还有这么好的身子骨和精气神实在令晓琳十分佩服，就向她讨教养生秘诀，老人说："我的秘诀就是：忧愁穿脑过，梦在心中留，对什么事情都不去苛求。"

在谈到自己的梦想时，老人说，自己在生活中与人无争，与己有求，但不过分苛求。我根本不想做名人，不想当明星，只想做个有所为又有所不为的文学爱好者。在自己 30 多岁的时候，当明白自己一生所要的不过是清清淡淡一碗饭后，就主动放下了许多事情，让每天的生活不闲着，也不劳累，早上起来跑跑步，白天读读书，晚上有空写写字，从来都是睡得甜吃得香，从不为什么事情去担忧。然而，正是这种看似平淡的心境，才让她能够沉淀下来，静下心来，为自己创造了极好的创作空间，最后才成为一个了不起的作家。

试想，如这位老人一样乐观豁达，与己有求，但又不故意苛求的人，能不长寿吗？能不成功吗？不论年轻也好，年老也好，每个人心中都应该有一个照亮心灵的梦想，但是，对于梦想不要去过于苛求，不必为自己制定什么硬指标，比如每月一定要给自己制定完成梦想的具体额度，几年之内要达到什么位置，一生要留下多少财富等。这样就是对自己的苛求，是与自己叫板，与自己过不去了，那样的话只会让自己活在劳累和疲惫之中。

一位哲人说过这样一句话，"别指望麻雀会飞得很高。高处的天空是鹰的领地。麻雀如果能够摆正自己的位置，照样会活得很幸福。"的确，真正能成为雄鹰的，毕竟是少数人，只要根据自己的能力，坚守自己的梦想，抱着一种顺其自然的心态去追求，只要为此付出努力了，就能够问心无愧，就能够知足，这样才能让自己感受到追求梦想过程的快乐与幸福。

懂得取悦自己，全世界都会来宠你

迪帕克·杜德曼德说过，最坏的事情是人一生都不了解自己，因此一生就白白地被浪费掉了，甭管多么富有、多么成功都没用。真正了解自己的人，不会依赖他人的评价去行动，不去取悦他人，而是懂得适时地取悦"自己"。一个人若懂得取悦自己，然后用愉悦的情绪去感染他人，那么就会时时受到他人的喜爱和欢迎。

一位女企业家因为经营不善导致公司破产，从此，她就将自己关在屋子里，茶饭不思，寡言少语，终日卧床不起。刚开始，她刚上初中的女儿极力照顾自己的母亲。没想到过了半个月后，母亲发现女儿根本没去上课，原来女儿在上课时总是心不在焉，情绪低落，最终辍学回家。企业家的丈夫在费尽心思寻找到一名心理医生时，还未开口，就开始失声痛哭，边哭边说，这一段时间，他在家里压抑得已经几乎精神崩溃了……

这个小故事告诉我们，人的情绪是具有传染性的。一个心情良好、乐观开朗的人跟一个整天愁眉苦脸的人在一起，不到半个小时，那个乐观的人也就开始变得抑郁起来。而相反，一个精神抑郁的人，与一个个性乐观的人在一起，也会顿时变得开朗起来。这给我们以这样的启示：要想让别人快乐起来，最好的办法就是先让自己快乐起来。

在生活中，许多人想获得另一半的爱，总会想方设法去讨好和取悦对方，千方百计地为他付出。在他们的心中，似乎只要得到了对方的爱，就等于获得了全世界最大的荣耀。于是，越来越多的人，在自己爱的人面前，都会用委屈自己来换取爱人的快乐！最终，既让自己陷入"不快乐"中，也难让爱人快乐起来。

这种自我牺牲精神固然可嘉，但是你却忘了：快乐和幸福是会传染的，你都无法让自己真正快乐起来，如何让你爱的人快乐起来呢？在婚姻中，每个人真正爱的是那种懂得取悦自己的人，这样因为内心充满了快乐，所以，对方也会受传染，也能真正地轻松和快乐起来。

刘航是一个事业有成的男人，他经过两次婚姻，现如今正和第二任妻子甜蜜地度过七年之痒。是的，他们的感情历经七年，仍旧甜蜜，甜蜜到心里发痒。

周围的朋友都很纳闷，他的第二任妻子无论是从相貌、气质、能力还是温柔体贴方面，都远远不如他的第一任太太，可为何能让刘航对她如此情有独钟呢？有位朋友带着这样的疑问问他说："你到底喜欢她什么呢？"

刘航笑笑，说道："因为，前任妻子总是给我煮南瓜粥，而现在的妻子总是给我喝小米粥？"

朋友听罢睁大了眼，说道："一碗粥就有如此大的魔力，能让你对前任厌，后者宠吗？"

"当然有了！"刘航说："我喜欢喝南瓜粥，而我现在的妻子则最喜欢喝小米粥！"

朋友更是纳闷："真是奇怪！这算什么逻辑？难道前任不该取悦你吗？"

他说："因为我最爱喝南瓜粥，前妻便天天熬南瓜粥给我喝，但是她却平生最讨厌吃甜食，她受不了南瓜的甜味。每次熬粥，都是为了我。虽然我知道她很是心疼我，但让她讨厌的饮食让她每天都板着脸。而且，每天早上起来，她熬过粥后，都会耳提面命地让我谨记她的辛苦付出，我很明白她曾为我牺牲掉那么多快乐！其实，在我心里，我真心不希望她为我如此付出，尤其是她每次对我说话的那种压迫感，真的让我难受！现在的妻子则不同，她嫁给我的第一天早晨，便熬了一锅小米粥，很可爱地对我说：'我爱喝小米粥，看来今后你要跟着我一起喝它了！'她爱喝小米粥，每次喝完都很快乐，因为快乐，她会心情愉悦地打扫卫生，送孩子上学。有时，还经常在家里哼起小曲，每次我回到家，都会感到一种温暖和快乐。相比起当初的南瓜粥，我觉得现在的小米粥，更能让我喝得舒服，喝得快乐。"

这便是男人的真实心声，也是女人受宠一生的秘诀：取悦男人永远不如取悦自己。所以，现实中的我们，我们该盘查一下自己，是不是真的做到了用自己的快乐和内心的愉悦去影响自己所爱的人！要知道，快乐是具有传染力的。

心理学家指出，人与人之间，情绪的传递永远是在"照镜子"，你脸上的一切，终归都全反映到对方的脸上。所以，面对你爱的男人，千万别强迫自己去取悦他，因为你的不快乐和不情愿，会给对方造成一种心理压迫感。也千万不要委屈自己去换取另一个人对你的感激涕零，你的委曲求全只会让对方觉得承受不起。

可见，获得异性的宠爱，不是爱他，而是爱自己。只有你真正地获得了快乐，才能让他感到轻松和快乐。真正的幸福和快乐，都是会传染的，同样，内心悲苦、不情愿和委屈，也是会传染的。

第七章 | 能控制我们的，都是我们所不了解的

——内心强大，人生便无所畏惧

"恐惧"是每个人都会有的一种负面情绪。很多时候，我们对某件事或某个人、物产生恐惧，主要是因为我们对他们不了解。正如美国心理学家罗杰斯所说的那样："那些能控制我们的，都是我们所不了解的。"人类都有一个共同的心理法则，即如果一个人知道未来要发生什么，他还可以把握，可以控制，可以应对。但是，如果他不知道，对可能要发生什么没有一个预先的心理防预，他就只能被焦虑和恐惧所淹没。也就是说，他最害怕的不是要发生什么，而是不知道要发生什么。比如，生活中，我们常会对不可预知的未来担忧、害怕，常会对突如其来的自然灾害产生恐惧，这些恐惧产生的根本原因，是因为事件本身的未知性。为此，我们要克服这样的恐惧，就要懂得去调整自我心态，在接纳事物未知性的同时，学着与它们达成和解。

追根溯源，寻找恐惧滋生的"温床"

恐惧，是人类情绪的一种表现。从心理学的角度讲，恐惧是机体企图摆脱、逃避某种情景而又无能为力的情绪的体验，是因受到威胁而产生并伴随着逃避愿望的情绪反应。人类的多数恐惧都是后天获得的。恐惧反应的特点是对发生的外在威胁所表现出高度警觉的一种生理与心理的综合反应。

其实，人人都有一定程度的恐惧心理，都会惧怕一些事情。也就是说，每个人都会有恐惧的时候，勇敢者能够正视恐惧，从而才能克服恐惧。

乔治·赫伯特是美国一位著名的心理学家，针对人如何战胜内心的恐惧的问题，他说，我们必须要直面那些使我们恐惧的事物。如果这种危险是实实在在的，我们就必须接受这一事实，并认真地应对，谨慎地躲开。但生活中，人们内心的多数恐惧，都是臆想出来的。在这种情况下，没有什么好害怕的。我们要做的就是勇敢地走上前去，弄清真相。

其实，依照乔治的建议，我们要战胜恐惧，就必须要与我们所恐惧的事情交朋友。比如一个人强迫你到坟地里转一圈，我们就应该转两圈。如果我们与这些令我们内心惧怕的事情或人交上了朋友，便可以从根本上消除恐惧。

另外，从社会因素分析，不利的家庭因素也会滋生恐惧。比如贫困、缺乏关爱、错误的教育方式、安全感的缺失等都会使人养成怯懦、弱势乃至不自信的个性。家庭是构成社会的基本单位，它为我们提供物质基础和情感基础，我们最初对于自我的认知与家庭密切相关，它对我们的心理以及整个人生产生的影响是无法估量的。

美国总统林肯出生于肯塔基州哈丁县的一个贫穷的移民家庭，父母以种田和打猎为生，生活极为清苦和拮据，林肯小时候常常食不果腹，还要做很多繁重的粗活。父亲性情暴躁，不但不让渴求知识的林肯上学，而且执意让他在外做苦工，还在众目睽睽之下狠狠地打过他的耳光。

9岁那年，林肯的母亲病逝了，林肯受到的关爱更少了，和父亲的矛盾也日益加深。贫寒的家境让林肯从小饱尝心酸，母爱的缺失、父爱的匮乏使他丝毫感觉不到亲情的温暖，也无法确定自身的价值，再加上父亲对他无端的指责和批评，说他在做苦工时看书是懒惰的行为，还揶揄他的相貌，林肯变得越来越不自信。直到长成了一名优秀的青年，仍无法放下自卑的包袱，长期默默关注着自己喜欢的年轻女孩，没有表白的勇气，认为自己不配与漂亮女性交往。

个人成长经历，尤其是童年的成长经历对于不自信的人格影响最为深远。心理科学研究证实，人类的早期生活对于人的一生有着直接和重大的影响，我们甚至可以说，人类大多的性格密码都封锁在童年的记忆中。

苹果公司灵魂人物乔布斯刚刚出世即遭到生母抛弃，被一对蓝领夫妇收养，10岁左右，他知道了自己的身世，从此认定自己是一名惨遭遗弃的孤儿，并偏执地认为母亲之所以狠心抛弃他，是因为当年觉得他的出生本身就是一个天大的错误。乔布斯的人生由于自己身世的揭秘而彻底改变了，他为自己找不到存在感而烦恼，进而发展成自卑人格，长大后对人对己都极为苛责，性情暴烈如火，常常无法抑制自己的冲天怒气，也难以遏制那些莫名的忧伤。

非正常的童年和早期的心灵创伤奠定了人类怯懦、自卑的基调，这种不幸的经历带来的消极影响大部分会递延到未来的成长岁月，甚至极有可能追随不自信者的一生，让他们惧怕挑战、失败，永远在自我狭小的世界中徘徊不前，甚至消沉不堪。当然，要真正地消除这种心理弱势，就要清醒地认识到自我的这种心理缺憾，并以理性的态度去接纳它，然后通过不断的挑战实践促使自己的内心变得强大起来，从而真正地战胜自己。

你所真正恐惧的，只是恐惧本身

在《论语心得》中，于丹教授曾讲过这样一个故事：

一个教授做心理学实验，他挑选了 10 个心理素质特别强的学生，让学生跟他走过一个充满危险的黑屋子。他要求学生一定要小心翼翼地跟牢他。10 位学生跟着他，虽然伸手不见五指，但脚底下挺平坦的没什么障碍，都很顺利地走到头了。

这时候教授打开了墙上的一盏灯，大家回头一看，吓得面无人色，原来他们刚刚走过的，是一条窄窄的独木桥，独木桥下是一个巨大的鳄鱼池，十几只大张着嘴的鳄鱼游来游去。

教授又说，灯已经开了，你们再回去吧。谁有勇气吗？没有学生愿意回去，最后经过劝说，好歹有 3 个哆嗦着过去了，剩下那 7 个不肯过去。

教授接着又开了几盏灯，灯火通明之下，大家一看，在独木桥和鳄鱼之间还有一层密密的浅颜色的防护网，这样又有 5 个人过去了，最后两个学生说，打死也不过去。

在上述实验中，独木桥下面的设置一直没变，而学生在不知道真相的情况下，却能坦然过桥。但在知道真相后，却吓得面无人色，再也不敢从桥上走。这告诉我们，你内心所真正恐惧的只是恐惧本身，而与外在的境遇毫不相干。

在很多时候，我们所遇到的生活"灾难"，最为可怕的并不在于"灾难"本身，而在于你将它的严重性做了过分地放大，并且最终被困难所吓倒，从而一败涂地，甚至还会断送性命。

有一只小猴子，肚皮被树枝划伤了，流了许多血。它见到一个猴子朋友便扒开伤口说，你看看我的伤口，可痛了。每个看见它伤口的猴子都会安慰它，同情它，告诉它不同的治疗方法。于是，它就继续给朋友们看伤口，继续听取他人的意见，后来它便因感染而死掉了。一位老猴子，很是遗憾地说，它不是因为伤而死掉的，而是因为内心的恐惧而死掉的。

生活中，很多事情都是我们赋予了它传奇色彩。就比如磨难、创伤、困难和挫折，也许根本就没有我们想象的那么可怕，只是我们自己首先就否定了自己，被自己的恐惧心理吓到了，不是因为我们没有办法解决问题，没有能力避免事情的发生，而是我们经常没有胆量，没有足够的勇气和信心，没有大无畏的精神。

罗斯福在担任美国总统期间，西方世界陷入了有史以来一次十分严重的经济危机，美国也遇到了前所未有的经济困难。美国社会经济萧条，在街上随处涌动着失业人群，股市的崩盘也使许多原本富有的人在一夜之间变得一无所有……整个社会最终陷入极为严重的恐慌之中。在这样的局面下，罗斯福说了一句至理名言："我们唯一值得恐惧的就是恐惧本身——一种会使我们由后退转而前进所需要的努力陷于瘫痪的那种无名的、没有道理的、毫无根据的害怕。"

他发表的著名的"炉边夜话"，帮助人们稳定情绪，平息内心的恐惧起到了十分重要的作用。当内部的恐慌平息后，罗斯福顺利实施了"新政"，最终带领人们走出了困境。

由于未知，所以恐惧；因为恐惧，而愈加相信。于是恐惧在心中滋生、蔓延，进而占据你的心房，让你害怕。记得罗斯福曾说过，"真正让我们恐惧的只是恐惧本身。"其实，恐惧只因我们对未知事物的不确定。倘若我们能深入地了解该事物，并学着去接纳它们，你便会无所恐惧了。

我们总在缩小自己的幸运，放大自己的不幸

我们对很多事情感到害怕，很大程度就是源于在主观地缩小自己的幸运，而放大自己的不幸。比如，梦想受阻了，会立即感到自己的前途一片渺茫，随后便丧失了坚持的勇气；生活中遇到一点点的小挫折，便觉得天都要塌下来了，接下来便开始处处小心，再也不敢去冒险；受到一点点的批评，便觉得自己是全世界最委屈的人，随后只是墨守成规，再也不敢提建议……我们总是悲观地看待自己所遭遇的不幸，最终只会招致更大的不幸。

奥维斯和西德里同时毕业于加州大学经济系，并同时进了一家外贸公司做销售员。奥维斯是个积极的人，入职3个月后，就针对公司部门的实际职位构成，给自己做了极为详尽的职业发展规划。同时，在工作上也表现积极，遇到难搞的客户，总是会耐心去分析客户的个性特点，并整理有效的素材，想办法去说服。一年下来，奥维斯取得了"部门销售冠军"的良好业绩，正式被领导考虑为公司的支柱型人才。两年后，奥维斯正式被擢升为销售部门经理，随后，他又被一个客户挖走，

到一家有实力的大公司做主要负责人，好运不断。

而西德里却不同，其生性悲观，对工作总是消极应付，上班时也提不起兴趣。遇到难题，他总是抱怨连连，怪自己倒霉。领导每次找他谈话，他总是抱怨说，工资少，环境差，任务重，压力大……或者是领导没有指示，不知道该怎么办，再者就是推卸责任说，这件事不归我管……总之，遇事首先去怪别人，从不反思自己。就这样，不到半年时间，他就被公司辞退。接下来，又开始找工作，再换工作……不到三年时间，他换了五次工作，成就没有，却积聚了满腹的牢骚，逢人就抱怨。

奥维斯和西德里的经历，恰巧就说明了"幸运的人总幸运，倒霉的人总倒霉"的内在原因。前者遇到问题，总想着积极地去改变，缩小自己的不幸，而放大自己的幸运；而后者则恰恰相反，总是消极去抱怨，不断为自己招来"不幸"。

一场海难的幸存者被冲到一个荒无人烟的孤岛。他不停地祈祷，希望有船只来搭救他，可是一个星期过去了，连船的影子都没看见。

面对巨大的生存压力，苦苦求救未果，不得已，他只好在岛上建一个简易的小木屋栖身，早晨到岛上的树林里找食物充饥。一天中午，正当他拿着找来的野果准备回到小屋时，却发现他的小木屋起火了，浓烟滚滚，多日辛劳化为乌有。可怜的他感叹上帝不公，不禁仰天长啸："老天啊，你为什么要这样对我？"

他沮丧地坐在沙滩上，一直到黄昏。在夕阳的余晖下，一艘轮船的轮廓越来越清晰了。这个人获救，他好奇地问道："你们怎么知道这个岛上有人的？"他们回答说："因为我们看到了孤岛上的浓烟，知道这个岛上有人，并把它当成了求救的信号。"

遭遇坎坷的时候，我们或许情绪化过，容易感叹命运，容易怨天尤人，容易夸大不幸。烦躁，焦急，忧伤，绝望，窒息，甚至难以自拔，仿佛周围的一切都变了，美妙的音乐刺耳起来，七彩的颜色暗淡起来，快乐的日子痛苦起来。其实天空依然湛蓝，河水依然清澈，树林依然碧绿，只因心态一时难以适应，情绪糟了，感觉变了，观念扭曲了。

每个人都是缩小自己的幸运，而放大自己的不幸。当一点点不幸来临时，我们都会忘了存在就是我们的幸运。

葡萄牙著名的航海家麦哲伦在发现新大陆前曾在海上经历过一次大风暴。一名士兵因为第一次乘船出海，所以吓得不停地狂呼乱喊，大哭不止，让船上的人几乎都受不了，因为这让本不担心的人们开始感到了恐惧。将军气恼地想下令把他关起来。

这时，麦哲伦身边的一位校官说："不要关他，让我来处理。我想我可以使他马上安静下来。"校官随即命令水手将那位士兵绑起来，丢入海中。那个可怜的家伙一被丢下海，手脚乱舞，狂呼救命。过了一会儿，校官才叫人把他拉上船来。回到船上后，倒也奇怪，刚才歇斯底里大叫不停的士兵，静静地待在船舱一角，半点声响也没有。

麦哲伦好奇地问这位校官何以会如此？

校官回答说："在情况转变得更加恶劣之前，人们很难体会自身是那么地幸运。"

生活如同天气，有阳光灿烂之日，也有阴雨密布之时。心愿与现实常常会发生冲突，期望的未必能够获得，能获得的却未必是所期望的，然而这就是生活。热爱生活的人，是不会抱怨不幸的；只会拥抱和感谢不幸的发生和存在，因为经历过这样那样的不幸之后，人生才更能经得起大风大浪。

摆脱"怕什么来什么"的生活魔咒

最近，内心恐慌的苏珊，时时感到自己在走霉运：她担心家里新换的地毯会被弄脏，不管自己有多么小心翼翼，还是在不经意间出了岔子，不是不慎打翻了果汁就是把面包的碎屑撒在了地毯上。上周，她急迫地想赶赴一次重要的约会，但由于时间尚早，她觉得打车似乎变成了一项不可能完成的任务，于是她开始忐忑不安地茫然四顾，结果几乎所有从眼前经过的出租车都载着客人绝尘而去；她总在为孩子的考试成绩而担忧不已，结果等她收到成绩单的那一刻，她真的傻眼了，孩子有几门功课都不及格……她感到焦虑极了，觉得自己的人生似乎被人下了一种魔咒：怕什么就来什么……于是，她开始变得心神不宁，不知如何才好！

其实，我们生活中或多或少有过类似于苏珊的经历：怕什么就来什么。难道我们的人生真的是被下了某种神秘的"魔咒"吗？

对此，哈佛大学教授戴维·麦克莱兰曾这样解释道："人们总是爱将恐惧的事情惦记于心，这会促使恐惧的事变成现实。"就是说，人们内心越是害怕的事情，越容易变成现实。比如你的口袋里装着刚刚买来的手机，在公共场所生怕被盗走，于是，每隔一段时间去查看手机是否还在。这一举动引起了小偷的注意，最终手机真的被偷走。就是因为内心越是害怕发生的事情，所以会非常在意，注意力也就越是集中，内心的担忧促使你越容易犯错误。

在古希腊流传着这样一个故事：

一位掌管天地人间的神来到一个村庄，向那里的人宣布："明天这个村里将有 100 个人死去，至于是哪 100 个人，你们明天就知道答案了。"

次日，当神再次到村落准备带人的时候，却意外地发现这个村落一夜之间竟然死了 1000 个人。

心理学家指出，人永远也不可能成为上帝，当你内心充满恐惧的负能量时，"墨菲定律"就会叫你知道"消极心态"的厉害。

其实，生活中的事情总是很奇妙，你只要往好处想，总会有意想不到的结果。也就是说，要打破"人生怕什么来什么"的神秘魔咒，就要凡事尽量往好处想，当你打败了内心的"恐惧"，所有现实中的困境便会迎刃而解。

从前，一个村庄有两位秀才，一个姓王，一个姓李。他们一同进京赶考，路上他们遇到了一支出殡的队伍。看到那口黑乎乎的棺材，王秀才心里立即"咯噔"一下，凉了半截，心想："完了！赶考的日子居然碰到这个倒霉的棺材。"于是，王秀才心情一落千丈，走进考场后，那口"黑乎乎的棺材"的影子还在他心里，挥之不去，致使文思枯竭，结果名落孙山。

李秀才自然同时看到那口"黑乎乎的棺材"，开始心里也"咯噔"了一下，但是他转念一想："棺材，棺材，那不就是有'官'又有'财'吗？好兆头！看来这回我要鸿运当头了，一定高中。"于是，李秀才心里十分兴奋，情绪高涨，走进考场，文思泉涌，果然一举高中。

考完回到家后，两个秀才都无限感慨，各自对家人说："那'棺材'真的好灵啊！"

任何事情都有两面，对一件事情的认识也无所谓对与错，只有积极和消极之分，你认为事物是积极的，你就信心满怀，处事就积极，充满干劲；你认为是消极的，你就丧失信心，一败涂地。正如叔本华所言，

"事物本身并不影响人，人们只受对事物看法的影响"。

人生是你自己的，何必在乎别人去说什么

人很多时候会怯懦、害怕，是因为太过在乎别人的眼光。比如，在社交场合，你总是显得腼腆且沉闷，总是羞于与他人交谈，是因为你害怕被人嘲笑，于是总是羞于开口；你羞于向别人提及你的梦想，是因为怕别人讽刺你是在"白日做梦"；在会议室里，面对滔滔不绝的同事，你总是不敢向上司表达你的观点，是因为害怕被人否定……其实，人生是自己的，无论你做得对也好，错也罢，都是自己的一种领悟和感受，又何必让别人的意见或观点去左右你的人生呢？

有这样一个故事：

一个农夫与他的儿子，共同赶着一头驴到附近的市场去做买卖。没走多远，就看见一群姑娘在路边边说边笑。其中一个姑娘大声对他们喊道："嘿，快瞧，你们见过像他们这样的傻瓜吗？有驴子不骑，宁愿自己走路。"农夫听到这话，心中很是在意，立刻就让儿子骑上了驴，而自己则高兴地在后面跟着走。

一会儿，他们又遇见一群老人正在看着他们，并哀叹道："你们看见了吗？现在的老人可真是可怜。看那个懒惰的孩子一点都不孝顺，自己只顾骑着驴，却让年老的父亲在地上走路。"农夫听到这话，连忙就让儿子下来，自己又骑上去。

没走多远，他们父子俩又遇上一群妇女和孩子，几位妇女七嘴八舌地乱喊乱叫着："嘿，你们瞧远处那个狠心的老家伙，他怎么能自己骑着驴，让那可怜的孩子在后面跟着走呢？"农夫听罢，又立刻叫儿子上

来，与他一同骑在驴的背上。

将到市场时，一群城里的人大声叫道："大家来瞧，这头驴多惨啊，竟然驮着两个人，这头驴是他们自己的吗?"另一个人又插嘴道："哦，谁能想到你们这么骑驴，瞧驴都累得气喘吁吁了。"听罢这话，农夫和儿子急忙从驴上跳下来，用绳子捆上驴的腿，找了一根棍子将这头驴抬起来卖力地向前赶路。

当他们使出了浑身的劲将这头驴抬过闹市入口的小桥上时，又引起了桥头上一群人的哄笑。当时驴子受了惊吓，挣脱了捆绑撒腿就跑，不想却失足落入河中。农夫当时既懊恼又羞愧，最终空手而归。

农夫因为太在乎别人的眼光，却任人支配，到最终得到的只是懊恼和羞愧。在现实生活中，许多人也会如农夫一样，别人如何说，他就如何去做，结果只会弄得周围的人都有意见，且谁都不满意。所以，与其因为别人的说辞而改变自我，不如坚持做自己。因为人生是你自己的，你只需做到问心无愧就行了。

一位成功者在接受记者访问时曾回忆过他的一段人生经历：

我在小学三年级的时候，一次考试得了第一名，老师奖励我了一张世界地图，我当时高兴极了。跑回家就开始看这张世界地图，十分不幸，那天轮到我为家人烧洗澡水。我就一边烧开水，一边在火炉边看地图。当我看到埃及的时候，心中异常地兴奋，因为在学校的时候，就听老师说埃及有金字塔，有埃及艳后，有尼罗河，有法老，有很多神秘的东西，当时我就心想，长大后如果有机会我一定要去埃及。

当我看得出神入化的时候，爸爸从浴室中冲出来，身上裹了一条浴巾，大声对我说："火都熄灭了，你在干什么?"我说："我在看世界地图，听老师说埃及有……"我的话还没说完，爸爸就生气地给我两个耳光，然后就说："赶快生火，无论那地方有再多的东西，我敢保证，你这辈子永远也到不了那个地方！"说完后，就一脚把我踢到火炉旁边去。

我当时看着我爸爸，惊呆了，心想："我爸爸怎么给我这么奇怪的保证，我这辈子真的永远到不了埃及吗？"但是，我又想，我这辈子一定要到埃及去，证明爸爸的说法是错误的！

在随后的 20 年中，我心中十分坚定地知道，我的梦想就是有一天能到埃及去。我的朋友都问我："你到埃及去干什么？"那个时候出国是极难的一件事。我对我的朋友说："我的人生是自己的，谁也无法对它保证什么！"

经过 20 年的努力，终于有一天我到了埃及。我坐在金字塔前面的台阶上，买了一张明信片寄给爸爸。我这样写道："亲爱的爸爸，我现在在埃及的金字塔前面给你写信。记得你小时候曾经给我两个耳光，并保证我以后永远到不了这么远的地方。现在，我就坐在这里给你写信，只是想告诉你：谁的人生都不能被保证！"

的确，谁的人生都不能被保证，同时谁也无权去否定别人的人生。所以，在生活中，当我们被嘲笑、讥讽或否定的时候，千万要坚持自我原则，走自己的路，别轻易放弃。

别人都已放弃，自己还在坚持；别人都已退却，自己仍然向前；看不见光明、希望，却仍然孤独、坚韧地奋斗着，这才是成功者的素质。

积极悦纳自我，克服社交恐惧

社交恐惧指一个人在公众场合不自觉产生的一种深度的焦虑的情绪，受这种恐惧心理困扰的人，总会担心自己的言语或行为会招致羞辱，害怕自己成为他人眼中的笑柄，有的人甚至对参加聚会或者在人数众多的公共场所感到不适，表现为脸红、出汗、反应迟钝、动作笨拙，表情尴尬不自然，这类人害怕与人近距离接触，尤其回避与别人交谈，有意避开引发自己焦虑的社交场景，甚至杜绝一切的社交活动，长期躲在一个人的城堡里，过着"躲进小楼成一统，管他春夏与秋冬"的隐士生活。

米兰达是个缺乏自信的人，尤其对人际交往完全没有信心。在舞会上，她没有勇气面对别人的目光，也不愿意和他人分享自己的感受，刻意避免与任何人往来。公共场合让她感到分外不自在，每当工作了整整一个上午，将要步入员工餐厅时，她就感到莫名紧张。入座后，她也是只顾低头吃饭，对同事完全不予理会，如果有人试图与她交谈，她便会简短地回答是或者不是，表现出本能的抗拒，同事自感无趣，也就都不再打扰她了，久而久之，她变得越来越自闭。由于在公司里不受欢迎，公司利润缩水，进行裁员时上司首先想到了她，她辛辛苦苦在公司奋斗了四年，不但职位没有晋升，薪水没有涨，而且还被扫地出门。

失去工作后米兰达心里更加苦闷，由于交际能力太差，她连一个倒苦水的朋友都没有，除了一个人喝闷酒，她找不到其他排解情绪的方式。她时常痛恨自己怯懦的性格，习惯用冷漠来掩饰自己的慌乱，用拒绝来保护自己的自尊，用无尽的孤独来对抗交流带来的压力。她觉得自己是个孤单、可憎又可怜的人，就像荒原上失群的独狼，无助甚至绝望。看到别人谈笑风生、高朋满座，又有体面的好工作，她既羡慕又羞愧，对比无能的自己，无异于一个灰头土脸的失败者，她对自己的鄙视日益加深，对外界的刺激感觉越来越敏锐，后来发展到只要出现在公共场所，额头就会不停地冒汗，任何一个人和她讲话，她都会紧张得身体颤抖，还经常答非所问，引来无数惊异的目光。为了避免招致更多的质疑和嘲笑，她索性把自己关在家里足不出户，过起了囚徒一般的生活，并拒绝任何人前来拜访。

心理学家认为，社交恐惧一般都是由自卑引起的，表面上看它好像是对外界的极端排斥，其实质是自己对自己的排斥。米兰达对外界的拒绝实际上是由她无法接纳自己，在潜意识里不断排斥自己造成的。这个时候，我们需要做的就是树立自信，积极地悦纳自我。

刘伟是个腼腆的人，因为不善与人交往，所以没有一个单位肯接纳他。无奈之余，他只好帮父亲在市场上卖菜。五年时间过去了，他的朋友、同学很多都在单位做出了成绩，有的甚至还做了企业家。每当遇到这些"显赫"的同学，刘伟总觉得自己低人三分矮人一头，偶尔遇到这些同学来买菜，刘伟死活都不收钱，使那些人也不敢到他的摊位前买菜了。

一天，刘伟到朋友家赴宴，与几个陌生人同坐一席。席间，自卑的他未发一言。这时，一位叫高建的矮个子站起来向刘伟劝酒说："能坐到一个桌子上，同碗吃饭，同盘夹菜，同盅喝酒，这是缘分，先喝为敬，大哥我先干了这一杯。"接着给刘伟端酒，刘伟平时很少喝酒，便有些推辞。高建有些不高兴地说："如果我没记错的话，咱们这是第一次在一块儿进餐。这之前，咱们互不相识。我还不知道你的身份，你可能是个企业家，也可能是个职场精英，不过这些都不重要，因为这几十年来，你不曾给我提拔和帮助，我也没沾过你的一点光。但你一天一天过来了，我也一天一天过来了，你过得很好，我也过得不错啊。"

高建这番话说得太直率了，像锤子一样击打着刘伟的心灵。高建接着说："也许今天一别再不会相聚。但我相信，今后的日子，咱们还要一天一天地生活，你会生活得越来越好，我可能也不比你差。因为我们的人生，都一样是公平地站着的。"

高建的话，让刘伟像浇了一盆冷水，一下子清醒了许多。他红着脸，将那杯酒接过来，真诚地说："谢谢你！"然后喝下了平生的第一杯酒。

刘伟从此像变了一个人，不再沮丧、颓废，他开始学着与同学们交往，并在业余运用自己所学的知识帮助父亲扩大规模，发展大棚种菜。几年后，刘伟成了"大伟蔬菜供应公司"的总经理。

在一次老乡联谊会上，一些同学认为刘伟大学毕业回乡种菜没出息，敬酒时有意怠慢和嘲讽刘伟，刘伟就不愠不火地将高建那番话讲给了大家听。最后他说："我们之所以在别人面前显得卑微，是因为我们将自己的人生跪在了地上。"

的确，人与人之间是平等的，我们所在意的"差距"完全是你怯懦的个性滋生出来的产物。你只要能发挥自我的潜能和特长，积极地悦纳自我，就能克服这种心理落差带来的自卑感和恐惧感。

拥有不可摧毁的心理优势

巴菲特说，出问题的往往不是一个人的能力，而是他的心理。的确，生活中很多人劣势命运的造成，往往不是其能力不够强，而在于他的心理太过懦弱。他们总是害怕失败，在挑战或机会面前会表现得战战兢兢，不敢轻易去尝试。同时，他们也总会因为一时的挫败而萎靡不振。要彻底地摆脱懦弱心理的束缚，就要修炼一颗强大的内心。

卡耐基曾到一所大学去做励志演讲，刚上台，他就给学生们提出了这样一个问题："大家觉得一个人最害怕的是什么呢？"

"应该是孤独吧！"一位学生站起来说。

卡耐基随即摇头道："不对。"

"那该是误解吧！"另一位学生胸有成竹地讲。

"也不对。"

接下来，很多学生都发言了，但卡耐基却一直在摇头。

一位学生终于忍不住了，便问道："卡耐基先生，您还是说出你的答案吧！"

"那是你们自己啊！"卡耐基笑着说道。

"我自己？"听到这个答案，许多学生都惊讶了。

卡耐基接着说："其实你们刚才所说的孤独、误解、绝望等，都是你们自己内心的影子，都是你自己给自己的感觉罢了。你对自己说：'这些真可怕，我承受不住了。'那你真的会害怕。同样，假如你告诉你自己：'没什么好怕的，只要我积极面对，就能够战胜一切。'那么就没什么能够难到你的。何必苦苦执着于那些虚幻？一个人若连自己都不怕，他还会怕什么呢？所以，难使你害怕的其实并不是那些想法，还是你自己呀！"

其实，这个世界上真的没有真正令人害怕的东西，你所害怕的只是你内心的一种弱势反应罢了。很多时候，当困难没有真正来临，我们就事先在内心向自己"投降"，甘受命运的摆布。

卡耐基先生说："但凡成就非凡之人，都有勇往直前，藐视困难的气概，他们都是大胆的、果断的，他们的字典上，是没有'惧怕'两个字的。"卡耐基所描述的这种勇气就是内心的强大所拥有的力量。内心强大的人在人群中卓越显著，这点十分令人惊叹。当别人看到的是无法逾越的障碍时，对他们来说却是需要克服的挑战。

1914 年，托马斯·爱迪生的工厂烧成灰烬，独一无二的模型被毁，并造成2300 万美元的损失，爱迪生的反应很简单："谢天谢地我们的错误都被烧毁了，现在我们可以重新开始了。"

一个6岁的黑人孩子叫杰克逊，他每天都要练习唱歌，为此邻居嘲讽他说你唱得太难听了，即便吼破嗓子也不会有人称赞。孩子不以为然，笑着说："像你这样的话我经常听到，但是这些话一点也不能阻挠我继续唱歌，因为我从唱歌中得到了快乐，所以我永远也不会放弃唱歌。"就是在这样的坚持中，杰克逊成就了其非凡的音乐才能。

这就是内心强大的力量，这样的人才是无坚不摧的，他们拥有强大的心理优势，在人生的任何时候都不怕从头再来，在每一个看似极低的起点中，他们都能创造出惊人的奇迹。

内心强大者都有一种极为开放的意识与开放的心态，对于任何不同的声音，他们都能够认真地听进去，能够用自己的头脑再想一想，对自信的东西仍旧能保持一份警惕。因此，他不会拒绝去听一听，想一想不同的声音。但是，由于他内心的强大，他也不会一听到不同的声音就焦虑不安，就立即改变自己的想法，而是在不同的声音面前，学会用逻辑、常识、经验及科学的方法再重新检验一次。为此，内心强大者从来不会随意质疑自己，更不会因为害怕而不敢挑战，他们拥有强大的自信心，能促使他们无往而不胜。

你若已接受最坏的，就再也不会有什么损失

我们跃跃欲试但始终不敢行动，是因为害怕失败，我们承受不起失败的后果。对此，要通过心态去调整自我，就要依卡耐基所说的："你若已经接受最坏的，就再也不会有什么损失。"即指用最坏的打算去对待结果，结果只会比这个好，就不会再有什么令你害怕的事情了。

174

2001 年的时候，阿里巴巴决心要做"80 年企业"。一个业内的堂·吉诃德出现了，他就是马云，人们都把他当作疯子、狂妄家。然而，马云与他的阿里巴巴并没有对这些言论给予回击，反而只是不理不睬。因为马云和他的团队都已经做了最坏的打算，即惨败而回，团队成员再去另寻出路。当他们这样想的时候，他们反而显得极为轻松。

为什么？因为当他们对未来做出最悲观的预测并且有充足的思想准备时，那些所有遇到的困难、艰辛反而更容易承受，他们知道一切都还没有到不可收拾的局面，心态反而变得积极起来。

马云说："我们是这样把握的：第一，我们做任何一件事情首先要考虑好，这件事情全部砸了，对我们公司会怎么样？如果最坏的打算会对公司有影响，但不会伤筋动骨，我们就干。"

只有预先接受了最坏结果，你才能从容地面对一切，敢于去放手一搏，应对每一个不测事件，并且始终做到情绪平稳，这样的你才不会焦虑，不会失控。

其实，做最坏的打算并非一种消极的心态，而是一种对恐惧的最好的防守和准备。当你做出了最坏的打算，为最坏的结果制订了防御措施或拯救方案，那么，你已经在一个"无论多么艰辛都不会死去"的背景中生存，那么一切可能的危险、机遇，都将遵从于这个核心。

如果做了最坏的打算，那么人就会克服内心的害怕，会大胆地放手一搏。

艾米尔是加州人，现在是一家电子商务公司的老板，大众眼里的"成功人士"。还不到 50 岁的他已经拥有了上百亿的资产，旗下经营着几十家连锁电器超市、数码店，还有一家国际电子商务网站。

有人曾向他探寻成功秘诀，他便自嘲地说："我成功的最大秘诀就是每天早晨出门前，都会告诉自己：你，今天可能失败，而且是非常惨重的失败，失去一切，你做好准备了吗？然后我会站在阳台上抽根烟，想象一下自己会怎么失败：破产？负债多少亿？还是为此家破人亡？这些情况万一发生了，我怎么办呢？我就设计各种拯救的办法，想想我有什么资源可以弥补损失，有什么方法可以东山再起。最后，我会带着满满的自信出门。"

这就是艾米尔成功的心理准备，由于他有充足的思想预案，因此在创业的过程中，无论遇到了多大的困境，他都能够爬起来，去解决各种问题，选择方向时，他充满自信，比别人多了几分淡定，也极少焦虑。

他曾对朋友笑着说："我14岁时卖鱼，高中还没毕业就开始做生意了，后来便跑到休斯敦做文化用品的销售，积累了第一桶金。在我24岁时，我接了一个亿元的大单，结果失败了，生产无法继续，导致贷款危机。这是我挺过的第一道坎，因为我之前做好了预备，所以动用备用资金，把问题解决了。我还炒过楼花，炒过股票，都输得一塌糊涂，直到我进入了数码产品的市场，开始做电子商务，开电器超市，才找到了我这辈子的方向。但我仍然有这个准备：如果突然有一天，末日来了，我如何应对？"

怀着这种危机意识，时至今日，艾米尔的生意如火如荼。他从容淡定地面对未来，始终怀着一颗平和的心态，无畏任何突如其来的危机。

有句话是说，人最害怕的并不是要发生什么，而是不知道要发生什么。做最坏的打算就是对这种害怕做出的一种心理防守，也正如卡耐基所说："当你学会接受了最坏的结果，你才能把专注力放在当下不计结果地努力，这样得到的结果往往是最好的。"所以，当你因为害怕失败而迟迟不敢冒险前进时，那么先对你的行动做一次预测吧，做出最坏的打算，那么所有的心理障碍都能得以解开。

唤醒你的内在力量

很多人在沮丧、失落和绝望的时候，总是会渴望他人的鼓励或者渴望随便来个什么人解救自己。甚至有时候还会对陌生人产生一种"为什么不帮我"的怨气。其实，只有经历过打击之后，我们才能明白，外部的呐喊、打气甚至帮助，很少能带来真正的救赎：遇到问题，我们还是会害怕。对此，卡耐基说，人真正的力量是从内部产生的，或者说，是需要自己从内心去唤醒的。

约翰·伍登是加州一所中学的篮球队教练，在他40年的教练生涯中，他所带领的高中和大学球队获胜的概率都在80%以上，在全美12年的篮球年赛当中，他所带领的球队曾替加州大学洛杉矶分校赢得10次全国总冠军。如此令人骄傲的成绩，使伍登成为大家公认的有史以来最称职的篮球教练之一。

曾经有记者问他："伍登教练，请问你如何保持这种积极的心态？"

伍登很愉快地回答："每天我在睡觉以前，都会提起精神告诉自己：我今天的表现非常好，而且明天的表现会更好。"

"就只有这么简短的一句话吗？"记者有些不敢相信。

伍登惊讶地问道："简短的一句话？这句话我可是坚持了20年！重点和简短与否没关系，关键是在于你有没有持续去做，如果无法持之以恒，就算是长篇大论也没有帮助。"

伍登教练不仅在工作中时刻保持积极的心态，在生活中他也是一个积极乐观的人。例如有一次他与朋友开车到市中心，面对拥挤的车潮，朋友感到不满，继而频频抱怨，但伍登却欣喜地说："这里真是个热闹的城市。"

朋友好奇地问："为什么你的想法总是异于常人？"

伍登回答说："一点都不奇怪，我是用心里所想的来看待事情，不管是悲是喜，我的生活中永远都充满机会，这些机会的出现不会因为我的悲或喜而改变，只要不断地让自己保持积极的心态，我就可以掌握机会，激发更多的潜在力量。"

思想家爱默生曾说："人类可以分为两种：一种是属于过去的人，一种是属于将来的人；一种是维持现状者，一种是改变现状者。"维持现状的人满足于现阶段的状态，而努力改变现状的人每分每秒都在为更好的未来做准备。有一句格言："只因准备不足才导致失败。"这句话可以写在无数可怜失败者的墓碑上。积极的心态能够催人上进，激发和唤醒其内在的力量。所以，生活中我们学会时刻鼓励自己，给自己积极的暗示，这有助于我们走出困境，驱赶害怕，保持积极进取的精神。

葛尔曼在20岁的时候，就被医生确定为残疾人，如今的他已在轮椅上生活了近20年。

葛尔曼原本有个健康的身体，但是在他19岁那年，因赴越南打仗，被流弹伤到了其背部的下半截，被送回美国医治，经过治疗，他虽然逐渐地康复，却没办法行走了。

他整天坐轮椅，觉得此生已经完结，有时就会借酒消愁。有一天，他从酒馆中出来，照常坐轮椅回家，却遇到了三个劫匪，动手抢他的钱包。他拼命呐喊拼命抵抗，却触怒了劫匪，他们竟然放火烧他的轮椅。轮椅突然着火，葛尔曼忘记了自己是残疾，他拼命地跑，竟然一口气跑完了一条街。事后，葛尔曼说："如果当时我不逃走，就必然被烧伤，甚至被烧死。我忘记了一切，一跃而起，拼命地逃跑，及至停下脚步，才发现自己能够走动。"如今的葛尔曼已经在奥马哈城找到一份工作，他已像常人一样能够走动。

卡耐基说，人内在有强大的生命力，外人给你的力量和帮助会慢慢地消失。但当你被逼到绝境，被时间施加重压之际，这些内在的力量、梦想、壮志、勇气，都会被唤醒，被激活。的确，人内在的生命力永远不会被重压所杀死，相反，它就像弹簧，越是重压到极限，越可能带来巨大的反弹，这是那种虽然无望但绝不放弃对抗的挣扎存在的原因。内心的力量被困住，使劲冲撞，如果你能信赖它，它就会迸发出来，那一刻，你就会唤醒属于自己的强大的内在力量。

看淡"失"，才更容易"得"

人之所以害怕、恐惧，多数情况下是因为把得失看得太重，为此，要真正地驱赶恐惧，就要学着去看淡人生的"失"，才更容易收获意外的"得"。正如南怀瑾先生所说的那样，世上有许多事情的确是难以预料的。得也好，失也罢，总是相生相伴的。当好事降临时，不狂喜，也不要盛气凌人，把功名利禄看轻看淡一些；当祸事侵袭时，不要悲伤，也不要自暴自弃，把厄运挫折看开一些，也许厄运不经意间则能为你带来福气。这样，我们才能在波折中多一些淡定。

2008 年温布尔登网球公开赛中，郑洁这个排名世界 133 位的外卡选手一路横扫数名种子选手，顽强地挺进了半决赛。在温网 131 年的历史上，这是破天荒第一次。

在击败头号种子伊万诺维奇的赛后采访中，郑洁回应道："今天我打得非常放松，每个球都打得很放松，每个球都打得很好。"记者询问："你为什么可以这么放松？"郑洁说："因为她是顶尖球员，所以我是带着享受比赛的心态去比赛的。我觉得作为运动员，输和赢都不重要，关键是你是否享受到了比赛带给你的激情体验。"

只有看淡"失"，才能以享受、愉悦的心态去享受过程，才更容易"得"。一位哲学家说，人生犹如钟摆，总是在得与失之间来回地摆动。其实想想，人生就是一个过程，如果你带着享受的心态去对待一切，那么很容易在轻松的状态下得到意外的收获。

在"二战"期间，一个飞行员身负重伤，被医生宣布必死无疑，但他却奇迹般地活了下来。他说："现在能多活一天，都是捡来的，所以我无所顾虑。"战后，他开创了自己的事业并获得了成功。而经验就是他从不考虑输赢成败这些与工作无关的任何影响因素，只专注于做好每一件事。

人的一生，无论比赛也好，经商也罢，总是在得与失之间循环，当你不在乎"失"的时候，往往另有所得。只有真正地认清楚了这一点，就不至于为失去的追悔莫及，就能够活得心安理得。

2004年雅典奥运会上，滕海滨上场前显然还背负着巨大心理压力。到滕海滨上场时，教练黄玉斌在他之前走到了鞍马前，伸手拍掉前一名选手留下的镁粉。离开之前，黄玉斌才看了身边的滕海滨一眼，在嘴里轻轻说出一句话。然后滕海滨上马、动作、落地，好像刚才黄玉斌的那句咒语真的在他身上显出了魔力一样。在他落地之前，场内就已经开始发出掌声。这是中国体操队在本届奥运会上的第一块金牌，也是滕海滨体操生涯中的第一块奥运金牌。

赛后，记者问滕海滨，黄玉斌在他耳边说了一句什么话。他回答说："只有三个字'放开打'。这三个字在那个时候给了我无穷的信心。我事先并没有想到能够拿到这枚金牌。我只想着放开打，不管结果如何。"

　　一位哲学家说，一个人最高的境界，应该是明白其实这个世界上本无得失。但是人们往往深陷这种纠结之中，不是为"得"欣喜若狂，就是为"失"一蹶不振，这实在是自讨苦吃。当你把"失"不当一回事时，自然就"得"到了。其实，无论在何领域，只要保持一颗平常心，把得失之心置之度外，就很容易能获得非凡的成就。

　　居里夫人一生共获得10次各种各样的奖金，各种奖章16枚，各种名誉头衔共117个，但是，在这些至高的荣誉面前，她都能保持一颗平常心。

　　有一天，一位朋友到她家中做客，看到居里夫人的小女儿正在玩英国皇家学会刚刚颁发给她的一枚金质奖章，朋友大惊道："英国皇家学会的奖章怎么能给孩子玩呢？这可是至高的荣誉呀！"居里夫人看罢，便笑了笑说道："我只是想让孩子们从小就知道，荣誉其实就像玩具一样，只能玩玩而已，绝不能永远守着它去生活，否则一辈子可能终将会一事无成。"不仅如此，居里夫人还毅然辞掉了100多个荣誉称号。正是她始终能在荣誉面前保持一颗淡然的心态，才使她能够获得第二次诺贝尔奖。

　　心理学上指出，当一个人越是在乎什么，便越会被什么所控制。要摆脱控制，唯一的办法，便是将得失心置之度外，这样才能使自己全身心地专注于自己的事业，才能沉浸于其中，自享其乐，成功的道路就是为有这种心态的人铺就的。所以，生活中，当你因为太过看重"得失"而跃跃欲试却又不敢轻易尝试、冒险的时候，那就先学着去看淡"失"，也别太过计较"得"，这样就可以成就非凡的自己。

告别拖延，用行动让恐惧烟消云散

强有力的行动是治愈恐惧的良方，而犹豫、拖延将不断地滋长恐惧。在《少有人走的路》中，派克说："人大部分的恐惧都与拖延有关，我们常常会害怕改变，其实都是因为自己太懒了，懒得去适应新的环境，懒得去学习新的知识，涉足新的领域，但如果总是这样的话如何能让自己成熟起来呢？"可见，拖延是恐惧产生的主要原因之一。

舒克是纽约市一家证券公司的市场部经理，他曾经生动地讲述了拖延的心态："这就像一个跳得很高的跳高运动员。你训练了几个月，在身体和精神上已经调整好了自己，一遍又一遍地尝试跳过横杆并打破纪录。然后，当你终于下决心开始跳了，新的担忧和恐惧马上袭来：如果我跳得比之前高了，别人会怎么做？他们会不会把横杆升高？……当诸如此类的担忧越来越多时，拖延自然成了必要的第一选择。从拖延到恐惧，到痛苦，一直恶性循环。"

要克服这种恐惧、害怕和担忧，我们要做的就是在行动之前必须充分地酝酿，一旦下定决心，就应该果断地行动，当你越是积极地行动，就越能够驱散内心的恐惧。

玛丽是一个家庭主妇，就在上个月她刚开了一家书店。作为一个拖家带口的人，在这个时候开一家书店，很多朋友都是不认同的。她的朋友们都认为这简直就是自找麻烦的行为。也有人十分羡慕地表示，这也是她们的理想，但是怕不赚钱怕做不好，就没有行动。

就在昨天，当她的丈夫威廉问她为什么这样做的时候，玛丽说："首先，我承认我开书店是带着情怀和理想的成分，但我并不只是觉得好玩，而是有十分详细的思考和运营策略的。并且，在这之前，我也给自己设置了最好的结果和最坏的结果，最好的结果是让这家书店的生意火爆起来，我作为商业领袖被人采访，享受属于我的荣光。最坏的结果就是亏钱，亏多少我也是早有预算控制。所以，当我发现了某个场地极好时，就在第一时间将书店开了起来。"

玛丽的行为才是不拖延的特征，也就是不害怕失败，也不恐惧成功。她能做到这一点很重要的原因就是，她不害怕改变，她能把控失败。其实，能够审视和接受其某些行为带来的改变，都是对付拖延的最好的办法。

但凡在某个领域做出重大成就的人都是货真价实的行动派，他们从不屈从于惰性，无论做什么事情都雷厉风行。比如高产作家威尔斯成功的秘诀就是有了灵感立即记下来，绝不让自己思想的火花稍纵即逝，即便到了深夜，只要大脑在电光石火的一瞬涌现出了灵感，他也不会因为想要睡觉而把其诉诸笔端的工作拖到第二天，而会马上打开电灯，拿起放在床头的笔，马上记录灵感，然后才肯就寝。

伟人人物会因为及时行动而获益，普通人也会因为及时实践自己小小的想法而获得意想不到的收获。

保险业务员曼利·史威兹有两大爱好——钓鱼和打猎，他喜欢带着钓竿和猎枪走进森林深处，有时一连在森林里待上好几天，尽管又脏又累，可是回家后却感到无比快活。钓鱼和打猎占用了他很多时间，每次离开宿营的湖边，即将投身到保险业务工作时，他都感到无限眷恋，在大自然中自由畅游的感觉是多么美好啊，他真不愿意抽身出来。

突然他的脑海里闪现出一个想法，在荒野里宿营和打猎的人也需要买保险，他清楚有不少人喜欢在森林中探险，那是一个庞大的潜在市场，如果他能把握机会，完全可以边狩猎边工作。阿拉斯加公司的员工、居住在铁路沿线的猎人和矿工都能成为他未来的客户。

曼利·史威兹说做就做，制订好计划后，一点时间也不愿耽搁，立即启程前往阿拉斯加，还沿着铁路步行，广泛接触沿线居民，人们送给他"步行的曼利"的称号。曼利·史威兹深受那些潜在客户的欢迎，他经常到他们家里做客，与其建立起了友好的关系。一年以后，他签下了大量的保单，销售业绩一路猛涨，获得了不菲的收入，与此同时，他还能继续在森林里钓鱼和打猎，工作生活两不误，过上了人人羡慕的美好生活。

无论我们追求什么，总是要付出成本的，计划再完美，如果迟迟不去行动，只会颗粒无收。与其临渊羡鱼，不如退而结网，不要羡慕别人，也不要将希望寄托于虚无缥缈的明天，从今天起，从此刻起，只要下定了决心，就马上去行动吧，别让拖延成为滋生恐惧心理的温床。

用想象冥想去除自卑，重建自信

生活中，自卑也是造成人焦虑的主要原因，比如社交焦虑、考前紧张、因为多疑的个性而带来的诸多焦虑等，皆因为内心的自卑造成的。所以，要远离焦虑，就要先移除内心的自卑情绪，重建自信。

心理学家指出，许多人之所以常陷入自卑中，皆是因为内心深处无法确立充满自信的"自我"，不能从"我"的立场自在地调度观念事实，是一种心态的内弱病症。为此你可以用想象冥想训练进行自我扩张，暂时切断内心与外界的联系，暂时洗净一切外在的标准和旧有自卑的心理痕迹，凝神一点，渐渐使全身心只有一个自信，甚至是目空一切的"我"。

明治年间，日本有一位武术高手，这位高手体格健壮，武艺高超，私下里较量时曾经打败无数武术界高手。但是每逢公开登台时，他却差得连他的徒弟都可以将他击败。这位高手很苦恼，于是去向一位禅师请教。禅师见面后便问他："你今晚就在庙中过夜吧，在睡前，你可以进行冥想训练，你要将自己想象成一波巨大的波涛，不是一个怯场的练武者，而是那横扫一切，能吞噬一切的巨浪。"夜晚，这位武术高手便开始坐下来冥想，尝试将自己想象成一波巨大的浪，扑面而来。起初，他的思绪如潮，杂念纷纷。不久，他心中便有了较为纯一的波浪涌动感，夜愈深而浪愈大，浪卷走了瓶中的花、佛堂中的佛像，甚至连房屋都被大浪吞噬……黎明前夕，只见海潮腾涌，庙宇也不见了。天明之后，这位高手充满自信地站了起来。也就是从这一天起，他成了全日本战无不胜的武术高手。

诸多人的自卑拘谨，多源于外界实际反馈的担忧，或是被与任务无关的纷纷思绪占据心潮。若能运用想象冥想法暂时切断与外界的联系，滤除杂念，清空心灵空间，"自信"必然会乘"隙"而入来扩展甚至占据空间，"自信"经扶持而渐渐强大后，人也就不会陷入自卑和羞怯了。生活中，类似于上述事例中那位武术高手那样的想象冥想训练的内容有：海潮、大风、大火、高山、领袖等。要想摒除自己的一些不良的个性或习惯，就要运用一些积极的引导力量来进行。

确立充满自信的"自我"想象有四个基本的步骤：

1. 确定你的目标

选定你想拥有的某样事物，努力为之工作或创造。那可能是任何一个层次上的一种职业、一幢房子、一种关系，你自己身上的一种变化，无论是什么。

最初要选择对你来说相对容易实现的目标。如此你便不用太费力地对付你身上的否定性抵抗力，能最大限度地扩展成功的感觉。之后，当你有了更多的练习时，你可以去处理更困难或更具挑战性的问题。

2. 创造一个清晰的念头或者图像

依照你所需要的那样，创造一个事物或场景的念头或者内心的图像；你要用现在时态完全依你所希望的方式那样来想象，尽可能地使细节更完满。你也许还希望得出一幅真实物质上的图像，比如绘一张图，尽可能地将你所想的全部细节都画下来，这样就可以满足你现实的心理需求。

3. 经常集中精力去冥想它

经常使你的念头或内心的图像浮上脑海，既可在安静的冥想时刻，也可在白天某个时刻。这样，它便会成为你生活的一个组成部分，成了一个真实的存在，而你也将更成功地将它投射出去。

在一个随意的时刻，清晰地集中冥想。别刻意去努力，投入太多的能量将会对你的想象冥想造成阻碍而不是帮助。

4. 给予它积极的能量

当你全神贯注于你的目的时，用一种积极的鼓励方式去想它，向你自己做出强有力的积极的叙述：它存在着，它已经来临了，或正在来临。想象着你正在接受或获得它。这些积极的叙述称为"肯定"。当你进行肯定时，尝试着暂时中止你可能会有的任何怀疑或不信任。继续这样的想象，直到你达到目的为止，或再没有这样的愿望时。

当你达到一个目的时，一定要有意识地承认那已经完成了。常常地，我们获得了想象着的事物，却没有注意到我们已经成功了！因此给自己一些赞叹，一定要感谢上苍，因为你的愿望实现了。

第八章 | 人之所以会心累，是因为欲望太多

——与其抗拒，不如主动与欲望和解

　　生活和人心的疲累，大都是因为内心无休止的欲望造成的，同时它也是我们滋生痛苦与烦恼的根源之一。可是现实中很多处于痛苦中的人却不自知，所以要摆脱欲望之苦，首先要做的就是自省，时时进行自我审视。同时，要懂得主动与欲望握手和解，理性地评估自我能力，认识到欲望是促进自我上进的重要力量，但如果你的欲望超越了你的承受能力，那便是对自身能量的一种消耗了。与欲望和解，并不是让你向现实缴械，而是理性地对待欲望，并做出适时的心态和行为调整，从而祛除烦恼，获得内心的和谐。

人生说到底，活的是一种心态

人生说到底，活的其实是一种心态。也就是说，心智才是生命的本态，一个人保持快乐的心境，要比拥有家财万贯有福气得多。然而，在现实生活中，很多人却不懂得这个真谛，一味地去追求外物，想通过丰裕的物质来获得满足感和成就感，于是在不停地忙碌中迷失了方向，完全忽视了内心的感受，使自己的心灵疲累不堪，直到临终时才追悔莫及。

从前，有一个富有的人，平时既不修身又不修心。他一生娶了四位夫人，他最宠爱他的四夫人，终日与她恩恩爱爱，从来不离不弃；其次疼爱的是三夫人，因为三夫人很有魅力；再者就是二夫人，因为当初在贫困的时候，与二夫人很是恩爱，但是到了富贵后就将之淡忘了。富人最不关心的还是他的原配夫人，他对这位夫人从未重视过，只让其在家做家务，像仆人一样要求她干粗活。

后来这位富人得了不治之症。临终前，他将四夫人叫到身边，说道："四夫人，我平常最疼爱你，时刻也离不开你，现在我已活不了多久了，我死了以后太孤单了，财产妻儿虽多，但是我只想带你走，你陪我一起死，好吗？"

四夫人听到此话，面容顿时失色，惊叫道："你怎么能这样想？你年纪大了，要死是当然的，可我还年轻，你死后，我还要好好地活下去呢！"

富翁听到这话，深深地叹了一口气。又把三夫人叫过来，仍照对四夫人说过的话向她提出要求。

三夫人一听，吓得身体直发抖，连忙道："这怎么可能呢？我还年轻，我不想这么早就随你去，我还想嫁人幸福地生活下去呢！"

富翁又深深地叹了一口气，摆摆手，命三夫人退去。将二夫人叫过来，希望二夫人能陪他一起死。

二夫人听罢，连忙摆手道："不可！不可！我怎么能陪你去死呢？四夫人与三夫人平时什么事情都不肯做，而我必须得管理家中的事情，所以不能陪你死。不过，你死后，我会把你送到坟场的！"

富翁听到此，难过得眼泪掉了下来，没想到自己平生最爱的几位夫人，却这样对自己。

最后，他又将平时最不关心的大夫人叫到跟前，对她说："我生前冷落你，真是对不起你，但现在我一个人死去，在黄泉路上太孤单了，你肯陪我一起去吗？"

大夫人听此，并没惊慌，反而很庄重地答道："嫁夫随夫，现在你要去世了，做妻子的如何能活下去呢，不如与你一同死的好！"

"你愿意陪我一起死？"富人十分惊讶，但也十分感慨，他说道："唉！早知你对我如此忠心，我也不会时常冷落你了。我平日里对四夫人、三夫人爱护得比自己的命还重要，对二夫人也不薄，但是到今天，她们却忘恩负义，当我死的时候，还如此狠心。想不到平时我没能重视你，你反倒愿意同我一起死去。"富人说完，就与大夫人一同死去了。

这是一个极为精彩、有意义的故事，故事中的四夫人，就如同我们外在的身体。在生活中，我们都喜欢把自己打扮得漂漂亮亮的，到死的时候才知道漂亮的外表终究是一场空。要改嫁的三夫人，就好比人一生为之追求的财富，生前拥有再多的财富，到最终也带不走，终究是要留给活着的人的。二夫人就是我们在穷困时才能想起的亲戚和朋友，他们由于还有太多的尘事未了，在你临终的时候，只会去送你一程。而平时从未重视过的大夫人，实则就是指我们的内心，到生命的尽头也只有它才能跟着我们走进坟墓。由此可知，自己的内心才是生命的本态，它才是我们生命中最为珍贵的东西。

可惜，生活中多数人总是一味地为一些身外之物而奔波，全然忽略了内心的真正欲求。等到人之将死的时候，才明白自己生前所追求的东西终究都是一场空，只有自己的内心才最忠实于自己的生命，只有内心的感受才是我们最应该在乎和把握的。

一个穷小子爱上了一位姑娘，两人结婚后，生活虽然不富裕，但生活得十分幸福。

有一天，这位姑娘认识了一位非常富有的年轻人，这年轻人的甜言蜜语使她心动了。后来这位富有的年轻人对她说："我们俩这样偷偷摸摸很不自由，不如干脆离开家乡，到新的地方去建立属于我们自己的家！"

女人听了对方的话觉得十分有道理，就趁自己的丈夫外出之时，把家里最值钱的东西拿走，到港口与年轻人会合。年轻人说道："我不想让你跟着我受苦，你先把东西给我，等我到了一个地方安顿好后，再回来接你！"女人就听信了对方的话，把身上所有的财物都给了他，自己又待在原地等待。没想到，一天、两天，一个月过去了，年轻人就这样一去不回了。这位女人在外面又饿又冷，但是又不敢回去。

有一天，她在街上看到一只大狗衔着一只鸟从她面前跑过去，那只鸟还在奋力挣扎。谁知那只狗跑到水边，看到水中有一条鱼，就将口中的鸟放下，立即去河中去咬鱼；结果鱼游走了，鸟也飞走了。

女人看了，忍不住笑说："这只狗真傻，已有一只这么好的鸟，居然放弃而去咬鱼，结果鸟和鱼都得不到，真是傻啊！"那只大狗突然回头对她说："我的傻，只不过让我挨一顿饿；而你的傻，却误了你一生！"

此时，这愚痴的女人才如梦初醒，懊悔地自语道："我居然为了那种人放弃原本爱我的人，毁了我一生的幸福，这不都是自己的贪欲之心害的吗？"

心智才是生命的本态，我们的本心本性就是我们本身受用不尽的财富，听从内心的声音，做忠于内心的事才能让自己获得永恒的意义。《楞严经》里有一段名言说："一切众生，从无始劫来，迷己逐物，失于本心，为物所转。"意思是说，芸芸众生，从无限长远的时间以来，因为迷失了本心本性，所以只能被外在的事物劳累地牵着鼻子走。他们一味地追求金钱、物质和名誉，在滚滚红尘中，最终也会愈发地迷失自己。所以，在生活中，我们一定要抵制住外界的各种诱惑，化解自己的各种贪欲之心，才不至于使自己因一时的迷失而招来无尽的烦恼与折磨。

心虚意净，明心见性——"不识庐山真面目，只缘身在此山中"。很多时候，你的迷悟只在于自己的一时的贪念。所以，要想从欲望的痛苦中得到解脱，与自己和解，就应该时时警告自己，并从更高的层次去审视与认识自己，认识到本心才是自己生命最重要的东西，只有保持意念的清纯，心中才能更为清明，才能摆脱执着与情感的束缚，发现心灵深处的真我，最终才能让生命获得永恒的意义。

理性地认识欲望

从根本上讲，欲望是人内心不清净的根源，欲望多的人，贪心就重，也很容易患得患失。为此，他们的内心必然会产生诸多的冲突与矛盾，而冲突和矛盾会将人置于不断的焦虑与烦恼之中。

有这样一个故事：

有一位老妇人每天都唉声叹气的，感到很烦恼。一位智者问她为何每天都心情极其沮丧，她就说："我有两个女儿，大女儿嫁给了一个开洗衣作坊的人，二女儿嫁给卖雨伞的。到天气下雨的时候我就为我开洗衣坊的女儿担心，担心她的衣服晾不干；到晴天的时候我担心我那卖雨伞的女儿，怕她的雨伞卖不出去。"

智者闻言，对她说道："您这是在自寻烦恼。其实，您的福气很好，下雨天，您二女儿家顾客盈门；天晴时，你大女儿家生意兴隆。对于您来说，哪一天都有好消息呀！您没必要天天烦恼呀！"

老妇人听了这样的话，心里便轻松了一些。

人生本没有烦恼，所有的烦恼都是由人内心的欲望所生！老妇人由于贪求太多，想在下雨天让大女儿的生意好起来，想在天晴时让二女儿的生意也好起来，所以才烦恼不止。最终，在智者的开导下，她放下了心中的欲望，那一刻的她烦恼减少了很多，心里也感到了轻松。

每个人可能都有这样的体验：当我们在年少的时候，因为无所求，所以会感到轻松、快乐。成年后，因为要面对太多的世事和诱惑，心中的欲望就越来越多，为了满足自己，我们每天都在不停地捡拾，自以为装进去的都是好东西，殊不知捡起来的恰恰是无尽的烦恼。慢慢地，我们心中承受的东西越来越多，想拥有钱财、美色、饮食，想拥有权力、名望……凡是触及我们生活的东西，我们都想拥有，而这些欲望一旦得不到满足之时，我们的内心就会变得沉重，心里塞满了烦恼，快乐自然也就消失了。所以说，欲望是一切烦恼的根源，只有削减了内心的欲望，一切烦恼才更容易消失。

可能有人会说，如果完全没有欲望，人类如何进步呢？的确，欲望是人类进步的原始动力，人类的祖先正是为了追逐食物，才从树上下来，继而才学会了打造工具，最终才进化成人的。如果没有欲望，也就没有人类的今天。所以，我们也不能因为欲望能产生烦恼，就"存天理，灭人欲"，关键是我们如何控制好自身的欲望，使欲望既合理存在，又能减少我们心中的烦恼。那么，我们应该如何去做呢？

要使欲望对我们发挥更为积极的作用，一定要控制好欲望的"度"，不应把目标定得太高。我们自小可能都受这样的一种教育理念影响："王侯将相宁有种乎？""不想当元帅的士兵不是好士兵。"其实，这些话作为励志教育很好，但作为人生的目标明显有些太"过"，王侯将相、元帅等，世上能有几人？大千世界还是普通人占大多数。如果目标定得过高，好高骛远，一旦实现不了，烦恼自然就来了。

同时，我们也要把握好实现自身欲望的手段。实现欲望的手段一定要是正确的，要以不侵犯大多数人的利益为前提。否则，你要满足欲望所遇到的阻力自然就会多出很多，烦恼也必然会多出许多。

另外，在实现自身欲望的过程中要懂得分享。一个不懂得与他人分享的人，在成功之路上是走不远的。因为·个人再有能力，总不能囊括天下所有事情，做起事情自然会因负累太多而失败。在很多情况下，分享成果的过程，也是让他人为你分担烦恼的过程。所以，不管在任何时候，一定要懂得分享。

所谓欲望烦恼产生的根源，没有欲望，也就没有烦恼，这话的确是真。但是作为一个普通人，生活中或多或少都会有欲望，只要我们把握好欲望的"度"，才不至于使自己的内心负累太多。

欲望难以抗拒，但我们可以与它达成和解

我们固然知晓欲望是带给我们烦恼的根源，但是很多时候，我们内在的欲望是难以抗拒的。明明下定了决心要减肥，可看到美食却又忍不住大吃一顿，事后便开始抚着大肚腩开始自责、懊悔；一件高级时装的价格明明超出了自己的能力范围，却因为太过喜欢，而且它也极能衬托自身的气质和身份，便狠下心来刷了信用卡，加重了生活的负担；到医院体检，已经被医生告知不能再饮酒，否则会极大地损害自己的健康，但是在宴会上，你还是会情不自禁地饮上一杯……我们的欲望之所以如此难以抑制，是因为我们脑中有一种叫作多巴胺的成瘾分子掌控着我们的欲望开关。当五感将"发现诱惑"的信号传回大脑中，脑中的许多核区便开始分泌多巴胺，接到多巴胺信号的边缘系统则会深信接受这种诱惑会带给自己快乐感。于是怀着对奖赏的"期待"，已经下定决心要减肥的我们会将美食放进嘴里，明知饮酒有害健康的我们也会将酒倒进杯中，在工作的我们会将游戏图标点开，将购物车装满又结账……不知不觉，不由自主，直到所有"不该做的"都做了，我们才猛然醒悟，然后怀着沉重的愧疚之心，决定破罐子破摔：为体重担忧者继续大吃以抵抗心情的抑郁；不能饮酒者决定以再喝一杯来停止自责；拖延工作的人则连续打好几圈游戏来逃避现实；而特别担忧自己入不敷出的人，则靠刷淘宝来缓解压力……

生活中，我们要跳出这个怪圈，就要学着与欲望和解，具体来说，可以分三步走：

1. 停止自责

心理学家指出，为了抑制自身欲望而去自责，其所带来的压力，只会使欲望更为强大，致使自己跌入欲望的深渊之中无法自拔。要知道，你抵抗不了诱惑并不是因为我们太过软弱无能，而是因为你大脑的本能太过强烈，以至无法控制自身的情绪。

2. 清理诱惑

当你意识到上面的第一点，我们就不会高估自己抵抗诱惑的能力，还能够将周围的环境仔细地清理：比如减肥者不要在显眼的地方放自己爱吃的食物；不能饮酒者在用餐前应先将杯中倒满饮料，处于工作中的人，将电脑上的游戏全部卸载，收藏夹里绝不留一个购物网站等。当欲望无法阻挡，抵抗外界诱惑的最佳办法就是"眼不见为净"。

3. 与内在的欲望讲和

要让自己清楚地明白，尽管多巴胺常常许诺"奖赏"，但却大都是虚假的许诺。屈从诱惑所带给你的快感，要比想象的少得多，而且这种快感消失得也极快。即便如此，下一次见到诱惑，内心的渴望还是会立即升腾起来。

我们要做的不是压抑和否认渴望，相反，我们完全可以承认渴望是合理存在的："突然点开游戏图标玩游戏，是因为工作上遇到瓶颈了，对吧？"然后再试着跟渴望讨价还价："你看，尽管玩游戏也并不能解决自己工作上的瓶颈呀，不如我们试些别的办法？比如冥想，让自己处于完全寂静的环境中，清除脑中的杂念，重新厘清工作思路，然后期望能在无意中找寻到工作的解决途径。"总之，与内在的欲望讲和，就是要求自己与内在的渴望共存，同时让身心在和谐的状态中，削减自己内心的欲望。

一个"钱"字，能抵多少幸福

生活中，多数人衡量幸福的标准似乎都与"钱"字密切相关。不可否认，有钱的世界确实很华美，能让一个人的生活变得绚丽起来。但是，钱真的是衡量幸福的标准吗？有了钱，真的就能得到幸福吗？未必！

上古时期，后羿和嫦娥是因自由恋爱而结合的一对夫妻，两人一起相扶相持，恩爱无比。后羿曾为造福黎民百姓，用弓箭射下九个太阳而受众人所拥戴，这其中，离不开嫦娥的支持。后羿也因此对妻子感激不已。

但是，两人在一起生活久了，总会觉得无趣。结婚多年，日子早已平淡如水。身为妻子的嫦娥难免会生出一些不满情绪来。

后来，后羿便从王母那里求得了仙丹，一个人享用可得道成仙，二个人分享可以长生不老。他欣喜若狂地想回到家与妻子一起分享，准备与嫦娥做不老夫妻。但是，嫦娥却动摇了：一辈子就这么过，日子该有多么无趣。最终，她便趁丈夫不在，偷偷吃了仙丹，平地升空，一直飞升到月宫中，成了真正的神仙。

月宫里寂静无人，嫦娥常常感到从未有过的孤单，慢慢怀念起与丈夫在一起的生活。当初他对她的好，让她心中充满了温暖。从此之后，嫦娥开始不断地后悔。月宫里美食、锦衣数不胜数，可是，失去了与自己一起分享的人，这些锦衣玉食有何意义。

嫦娥拥有了一切，但是却真正地失去了幸福。

在某个夜里，嫦娥乘月下界，到了之前的家，她隔着窗户，看到了往昔的恋人：紧皱眉头，满目惆怅，呆呆地望着月亮。嫦娥的心猛然抽动了一下，第一次发现自己丢了生命中最重的东西。但是，内心再后悔也是徒劳，她正在接受因一时贪婪而受到的惩罚：那就是要在广寒宫冷冷清清地忍受生生世世的煎熬。

成仙的感觉并不美好！同样，有钱的感觉，也并不是我们所想象的那般美好。锦衣玉食，身边如果没有真正能与你分享的人，一切都变得无意义。可见，一个"钱"字，抵不了任何幸福，因为幸福根本与钱无关。

刚刚结婚时，他们收入都不高，过着十分清贫的日子。在一间租来的小屋中，仅仅只有10平方米的小空间，被一个简单的衣柜隔开，前面是煤炉案板组成的临时厨房，后面则是一桌一床，算是他们甜蜜的小卧室。

床是硬板床，因为空间太小，所以只有一米宽。一个人睡都不太宽绰，两个人睡在一起，几乎翻不了身。每一天晚上，她都会像只小猫一样蜷缩在他的怀中。

那样的夜晚，她经常做甜蜜的梦。他说，等将来我有了钱，一定给你买大房子。

就在刚刚结婚的时候，他们俩共用一台电脑。他要炒股票，她要写稿。两人总是会争着用电脑，他的股票该卖了，编辑催她的稿子了。他们俩经常挤在一起，将屏幕的窗口缩小一半半，再各自错开。一个人看股票行情，另一个人则在文档上打字。他的股票涨了，她就跟着欢呼雀跃；她写出动情的文字，他也会跟着击掌赞赏。在空闲的时候，他们俩就共在电脑上玩游戏，头挨头，手握手，齐心协力地对付看不见的手，或者会从电脑上面下载大片，她就安静地靠在他的怀中，看得泪眼婆娑。

刚结婚时，因为经济条件不好，他们共骑一辆自行车。尽管两人在单位的一南一北，但他却仍旧坚持每天早晨骑车先送她上班。然后再穿上大半个城市去自己的单位上班。晚上下班之后，他们就会重复同样的路线，去接她回来。虽然要绕极远的路，但对于相爱的他们来说，所有的距离都是美景。

到后来，他们的收入高了，终于有了属于自己的大房子，在房间中放着两米宽的大床。每天晚上，他们一人一床被子，各自守着属于自己的城池。床中间空出一大片来，仿佛是无法逾越的天堑。

到后来，他的事业越做越大，经济条件好了之后，就马上买了一台笔记本电脑。新的电脑就放在卧室中，两人一个在书房中，一个却在卧室中。他可以随心所欲地玩游戏，看股票，而她则可以自由地写白天未完成的稿子、逛网店，没有争执，没有嬉闹，相互间也没有任何的抱怨。她闲下来的时候，很想找他一起分享快乐，而得到的却只是冰冷冷的一个背影或者是QQ上一句短促的"我要处理很多事情呢。"两人虽然同在一个房子中，但是她感觉到从一个房间到另一个房间的距离真是太过遥远了。

后来，他的事业蒸蒸日上，就买了车。但是他实在是太忙碌了，再也没有时间接他上下班了。突然有一天下了大雨，她下班后没打到车，回到家后被淋成了落汤鸡。她对他抱怨，而他却只是轻描淡写地说："我没有时间去接你，不然，明天你自己去挑一辆车吧，这样彼此都方便一些！"她顿时无言，想起了当年在自行车上的美好时光，泪流满面。

生活中，很多人都将"钱"与幸福联系在一起，似乎有了钱便握住了幸福。事实上，很多时候，物质上的丰裕并不能给你带来真正的幸福，相反，还会拉开心与心之间的距离。

在一本小说中，有这么一句话："真正幸福的生活，并不是什么轰轰烈烈，而是一壶水，简简单单，平平淡淡，而在加热时，却也会泛起一些波澜……"其实，真正的幸福，是人内心的一种感觉，它与外界物质的多寡无关。一个心灵富足的人，哪怕物质再贫乏，内心也是快乐和幸福的。一个衣着体面，每天出入高档写字楼的富人未必就会比路边摆小摊的人快乐。每个人都有属于自己的幸福，能和自己两情相悦的人牵手未来，能依照自己内心的想法做自己想做的事，那便是人生最大的幸福。

获得富足感的秘密：关注你所拥有的，并善待它们

一位哲学家说过，一个人真正的富有不是因你拥有的多，而是欲望少；贫穷不是因你拥有的少，而是欲望多。这实则是在告诫我们：真正富足的人，是知足的人。无论你拥有多少，只要不知足，你就永远不会感到富有。

多数人可能也有这样的体会：你富有的感觉往往是在最贫穷潦倒的时候体会到的。一个路边卖煎饼的，每天若能多挣 10 块钱，其获得的富足感就要比一个富翁每天赚 10 万的满足感要强烈得多；一个路边的乞丐每天吃饱喝足后所获得的满足感一定也比一个白领每天改善一次生活所获得的满足感要强烈得多……一个人当物质充裕的时候，便会生出更大的欲望，因而，这多出来的欲望是让人觉得还缺钱，他们的眼睛只会盯着自己所缺的，而很难看到自己所拥有的。因此，富有感很多时候是内在的，而非外在的。

有一位青年，总是抱怨上帝对自己不公，无论如何也发不了财，他

自以为自己是世界上最贫穷的人，终日愁眉不展的。有一次，他偶然与一位智者结伴而行。

快到天黑的时候，青年便邀请智者到自己家中过夜，智者也向对方道谢，并与青年一起到了他的家中。到半夜时分，智者忽然听到屋外有人蹑手蹑脚地来到他的屋子中，于是大喝一声道："谁?"

青年男子被吓得跪坐到地上，智者点灯一看，才看清楚。不禁吃惊地问道："哦，我知道了，你留我过夜原来就是为了这个呀！其实我没有多少钱，这次可能让你失望了！"

青年男子却说："你是一位智者，一定知道赚钱的方法与技巧，你能告诉我如何才能够做一笔大买卖吗?"青年的态度极为恳切、虔诚。

智者看到青年这个样子，很是失望地说："真是可惜呀！你放着终日享用不尽的东西不去学，却来做这种事情。你想要得到这种终生享用不尽的东西吗?"

"这种终生享用不尽的东西是什么? 它在哪儿呀?"这位男子便急迫地问道。

智者很严肃地回答道："就在你身上呀！"男子还是十分不解说："我哪有什么终生享用不尽的东西? 我没有存款，没有任何值钱的家当……"

智者说："假如现在我斩掉你一个手指头，给你一万元，你干不干?"

"坚决不干。"青年男子急忙摇着头，并明确地答道。

"那么，假如斩掉你一只手，给你十万元，你干不干?"智者又问。

"不干。"青年又明确地答道。

"那我用一百万元换取你的一双明亮的眼睛，让你马上变成一个70岁的老头，你会考虑吗?"智者继续问。

"不，绝不同意。"青年又答。

"给你一千万元，你把你的生命给我，你干不干？"智者说。

"当然不干了！"

智者听罢笑了笑，语重心长地对他说："这就对了呀，你已经是怀中揣着一千万元的财富了，为什么还哀叹自己贫穷呢？既然有一双手，就可以劳动，你有一双眼睛，可以学习；你有生命，可以为自己创造一生受用不尽的财富，你有多么丰富的财富呀！你却不懂得珍惜。"

智者的话犹如醍醐灌顶，一语将青年从梦中惊醒！他谢了智者，昂首阔步走了出去，俨然自己已成了一位大富翁，因为他知道自己已经拥有了改变命运的本钱。

在现实生活中，如这位青年一样哀叹自己贫穷的人有很多，有的哀叹自己没有更多的金钱，有的哀叹自己能力不足，有的哀叹自己相貌难看，有的哀叹自己精神贫乏，诸如此类，我们总是期待得到那些我们没有的财富，总觉得缺少了那些就得不到快乐，然而却忽视了我们本身所拥有的。殊不知，我们所拥有的那些往往是我们自己生命中最为珍贵的。所以，要想使自己感到富足、美满，那就要细心观察自己拥有什么，并时常与自己拥有的在一起。如果有人有一辆中档价位的汽车，可他却总想着如何拥有一辆更高档的汽车，那么，实质上，他虽然看似是一个有车族，但实际上他是一个还缺汽车开的贫穷人。有人只是骑一辆自行车，但他却很懂得爱惜它，觉得骑着它上班要比自己走路快多了，这个人心中是富有的，他也是个富有的人。

心理学上指出，贪婪会扼杀你对于所有已经拥有的东西的存在感，使得它们像不存在。贪婪让你觉得你永远缺少什么，永远是贫穷和匮乏的，永远要去追逐。所以，贪婪者，无论拥有多少，都是贫穷的。知足者，无论他拥有的是多么稀少，他都可以感到富有。所以，只要去关注你所拥有的，并且善待它们，善用它们，做好当前的事情，不去谋求更多的东西，不让那些欲望使自己变得贫穷，这便能使你获得富有、满足感的秘密。

获得满足感的秘密：敞开胸怀去接纳

从心理学的角度讲，一个人不快乐，很多时候都源于缺乏满足感。这种满足感属于精神层面的问题。对此，心理学家也指出，一个人对于人、事、物的限制越小、越少，其接纳的开放性便越大，便越容易获得满足。比如，对于菜肴，你觉得必须色、香、味俱全才可以得到满足的话，那么如果遇到某些情况，只能得到简单的食物，你便不能享受和满足了。相反，如果无论是丰盛高档的宴席还是粗茶淡饭你都能接受的话，那么，无论什么食物都可以从你的细心品尝中带给你内心的满足。因此，内心是否满足，与外界的人、事、物关系不大，与你自身内在的对于人、事、物的限制性看法关系重大。用通俗的话讲，就是对人、事、物的要求不要太高，要以更宽广、博大的心怀去接纳它们，便很容易获得满足感了。

惠兰是一个都市白领，高学历，高收入，人长得十分漂亮，身材也很好。每天上班她都会有着不同风格的打扮，时髦得体的她，赢得了周围所有同事的称赞。在一片赞扬声中，她的虚荣心越发膨胀起来，为了更引人注目，为了讲求品位，她不惜花大笔的钱去购买名贵、时尚的珠宝、名牌服装、高档箱包……她的收入毕竟有限，对时尚物质追求的强烈欲望，已经让她负债累累。

有一次在与朋友聊天的过程中，惠兰说自己其实活得很累，别人看到的只是她一个光鲜亮丽的外表，但是她的内心已经疲惫不堪。她也反省过自己，超负荷地购买名牌物品似乎从来没有带给她满足感和快乐感，每天穿着大牌衣物似乎也没让自己开心过。同事看她每天愁眉不展的样子，很想去劝导她，但她却始终开心不起来。

由于内心的负担过重，原本漂亮的惠兰也变憔悴了许多，对生活失去了乐趣，对工作也丧失了兴趣，时常唉声叹气，人也变得悲观厌世。她甚至不知道自己该如何是好……

人的痛苦在于追求错误的东西，所谓错误的东西，即为超出自身能力之外的事与物。实际上，惠兰对时尚的追求本身并没有错，可错的是这种"追求"已经远远地超出了她的个人能力，她对生活的限制变得极多，于是内心便不容易获得满足感。如果她能敞开胸怀去接纳生活中的一切，内心便不会被"时尚"所囚禁，也不会经常感到生活疲累了。

一个容易获得满足感的人，对物质的追求是十分有节、有度的，他们对自己有着十分清醒的认识，并懂得时刻审视自己，懂得自己的基本需求是什么，内心的欲望又是什么。基本的需求是指自己获得生存必须要有的那些东西，这些东西是人本能地去追求的。而欲望则是那些超出个人能力，超出自身基本生存之外的东西。当基本生存得到满足时，没有更多的物质欲望，人便会处在平衡之中，平衡会带来满足感。人毕竟不是为活着而活着，因而在基本的生存得到满足之后，真正的智者会追求文化层面等内在的精神的东西，追求灵性、意识的进化。在逐渐产生的内在进步与升华中，人的心灵便得到满足。

另外，懂得满足的人不会去盲目地攀比，他们清楚地知道自己究竟要什么。不会因为别人拥有什么而自己也要去拥有什么，不会因为别人的欲望而让自己内心的欲望也升腾起来。人一旦被欲望带动着去过度地追求外在的东西，就极容易掉进贪婪的深渊。所谓欲壑难填，这种追求永远无法使人获得满足。因为满足只是心灵的一种感受，外在的东西无法直接满足内心，物质无法直接满足精神。许多人以为物质与精神之间有某一种桥梁，但这只是个错误。物质的丰富能够带来身体的舒适与方便，但不能让内心得到平静、智慧、爱和喜悦。内在的东西只能让你失望，正确的追求是让自己拥有爱别人以及感受别人爱的能力，只有正确的追求才能带给人最终的满足感。

满足的人，也从不争强好胜，没有那么大的自我。自我只是想当然地以为自己如何，是一种假想，为了自我的这种假想去努力，去实现"自我"，不管结果如何，能否达成，最终都是一场空，不会有满足感。一个人只有在自我觉醒、认识自己之后，将内在的"真我"展现出来，才会达成真正的自我实现，从而获得终极的满足。

拥有"幸"感，就自然会有"福"来

与自己和解，祛除内在的烦恼，其主要目的是获得幸福。其实，所谓的"幸福"不过两个字，你若能感受到"幸"感，那"福"自然就来了。

关于"幸福"的定义，苏格拉底和他的弟子曾有这样一段对话：

弟子问苏格拉底说："什么是幸福？"

苏格拉底转身指着面前一片田野说："请你穿越这片田野，去摘一朵最美丽的花。但是有一个规则，你不能回头，而且只能够摘一次。"

于是，弟子便去做了，许久之后，便捧着一朵美丽无比的花朵来到了苏格拉底的面前。苏格拉底问他："这是最美丽的花朵吗？"

弟子说道："当我不断穿越田野时，我看到的花都是美丽的，因为我认定了它是最美丽的，所以就摘下了它。而且，当我看到其他美丽的花的时候，我依然觉得我摘的这朵花是最美丽的。所以，就把它给带回来了。"

这时，苏格拉底就意味深长地说："这，便是幸福！只要你能感觉到自己是幸运的，就自然会有'福'来。"

实际上，生活中我们与别人攀比，以获得心理上的优越感，就是在捕捉"幸"感的过程。接纳别人的赞美、夸奖，心中便会升腾起莫名的喜悦，也是在体味"幸"感。另外，我们获得爱、感动、荣誉或价值感等，都是在体味"幸"感的过程。可以说"幸"与"福"是同时存在的，"幸"感来了，福气自然也会降临到你身上了。从这个角度分析生活中那些之所以体味不到幸福的人，是因为他们总是觉得自己是不幸运的：自己嫁得不够好，伴侣不够体贴，孩子不够听话，上司不够体谅自己，朋友不能理解自己……这些琐碎的在乎和担忧，足以吞噬掉本该属于我们的快乐时光。对此，毕淑敏说："你感到自己很不幸，是因为你没有遭遇到更大的不幸。请永远记住：这个世界上，除了死亡，没有什么是大事。只要你能够活着，便是幸运的。所以，从现在开始好好地珍惜并过好每一天吧，因为只有你自己才是最好的医生，其他的人都无能为力。"其实，对于每个生命来说，活着本身就是一种莫大的幸运，是一种美丽的幸福。当你可以活着、笑着、哭着、吃着、睡着，真真切切地感受到生命的流动，那么，对于人生，你还有什么不满的呢？

人生充满了坎坷、忧虑，有的会让你仰天大笑，有的则会让你垂头丧气。然而，如果你静下心来仔细想一下，这些都算得了什么呢？因为在生与死并存的世间，有什么比活着更让人觉得幸运和有福气的呢？

在 1991 年 11 月的一天，有 NBA "魔术师"之称的名将约翰逊在记者招待会上宣布退役，因为他感染了艾滋病毒。这对于年仅 32 岁的他来说，是个噩耗！然而，19 年以来，他仍旧乐观积极地活着，并努力地与病魔抗争。

其实，在此期间，约翰逊一直在接受治疗，尽力将病情控制在稳定的范围之内。作为三个孩子的父亲与丈夫，在家人的悉心陪伴下，他全身心地投入到工作之中，管理着一个极具规模的商业王国，其资产比退役时增加了近 20 亿美元。

2001 年，他成立了"魔术师约翰逊发展公司"，并成功地拿下了洛杉矶城市中一块没人要的地，建造了魔术师约翰逊大剧院。同时，他还说服了诸多的商家入驻，形成了一个巨大的新型的商业圈。在 2006 年，他又大胆地收购了一家著名的连锁餐厅。他的产业除了剧院与餐厅之外，还包括一家制片公司以及湖人队 5% 的股权。

除去经商，他几乎将他所有的时间都投入到篮球与公益活动中，他曾经担任过一家电台的 NBA 嘉宾主持；而且经常参加以篮球为主题的公益活动；他还曾经与姚明一同出演了一部预防艾滋病的教育宣传片……他知道，余生无论如何也摆脱不了病魔的缠绕，但是约翰逊仍旧积极地说："我从来没将自己当病人，我感觉好极了。我庆幸自己还好好地活着，活一天就赚一天。当我清晨睁开眼睛发现自己还自由地呼吸着，那就是我的节日。我好好地活着，就是为了告诉那些患有艾滋病的人，一定要自强不息，要积极活泼地面对每一天。"

疾病和灾难都不是人力所能左右的，也是我们无法预料的，时间的流逝是无法挽留的，为此，我们应该怀着感恩的心珍惜存在的每一寸光阴。亲爱的朋友，每天清晨当你睁开眼睛，发现自己还自由顺畅地呼吸着，你就比这个星期中离开人世的 100 万人幸福了。

如果你从来没有经历过战争的危险、被囚禁的孤寂、忍饥挨饿的痛苦与受人欺凌的难受，那么，你已经比世界上的 5 亿人幸运多了。

如果你安然地在家中，没有受到侵扰、拘捕、施刑或者是死亡的恐惧，那么，你就已经比世界上至少30亿的人幸运了。

如果你现在打开冰箱，发现里面装满了食物，衣柜中有足够的衣服，有栖身的房屋，你已经比世界上70%的人幸福和富足了。

2010年联合国"世界粮食日"上的数据显示：世界上每7个人中就有1个人在挨饿；全球有8亿人仍旧处于饥饿的状态之中。在发展中国家，有两成人无法获得充足的食物，而在非洲大陆，有三分之一的儿童因为粮食匮乏而导致长期的营养不良。全球每年会有600万的学龄前儿童因为饥饿而夭折！

现在可以查一下你的银行账户，如果里面有存款，钱包有现金，你已经居于世界最富有的8%之列！

如果你的双亲仍旧健康地在世，如果你没有分居或者离婚，那么，你已经属于稀有的幸福一族。

如果现在的人能够抬头，并且脸上带着笑容，内心充满感动，你就真的属于幸福一族了。因为世界上大部分的人都可以这样做，但是他们却没有这么去做。

如果你能够握着一个人的手，能够拥抱对方，或者只是在对方的肩膀上拍一下……那么，你算是真正的有福气之人了，因为你所做的，已经等同于上帝才能做的了。

如果你今天能读到这一段文字，那就意味着你又多了一份福气，你比全世界20亿不能够阅读的人不是更为幸福吗？

看到这里，你是否觉察到自己是幸福异常的人呢？幸福的微笑是否已经完全挂在了你的脸上？

让自己养成拥抱快乐的习惯

与自己和解的根本目的就是获得愉悦的内在，使自己充满能量。当我们通过审视自我，与内在的自我达成和解后，若将拥抱快乐当成一种习惯，那么，我们就可以经常被幸福或快乐拥抱了。

巴尔克勒欲对他的孩子——一对孪生兄弟做"性格改造"，因为其中一个过于乐观，而另一个则过分地悲观。

有一天，他买了许多新玩具给悲观的孩子，同时又将乐观孩子送进了一间堆满马粪的车房里。第二天清晨，父亲看到悲观的孩子正在泣不成声，便问："那些玩具难道不能给你带来快乐吗？"孩子哭着说："那些玩具会坏的！"父亲巴尔克勒听罢叹了一口气，走进车房，却发现那乐观的孩子正在兴高采烈地在马粪里掏着什么。看到爸爸，他兴奋地跑过去说："告诉你，爸爸，我想马粪堆里一定还藏着一匹小马呢！"

巴尔克勒的一个孩子即便得到了再多新鲜的玩具，也总是悲伤满腹，而另一个孩子即便是得到一堆马粪，也能开怀畅乐。这告诉我们，一个人是否能获得快乐和幸福，不在于外物环境的好与坏，而在于其内心是否快乐，是否把幸福当成了一种习惯。

生活中，一些人总是会问：到底如何才能让自己获得幸福？嫁个温顺、体贴的好男人，并且还能拥有万贯家财？其实，如果人内心是乐观的，把幸福当成了一种习惯，那么，其在生活中一定能收获一连串的惊喜。

阎丽是个性格孤僻的女人，从小到大，她几乎没有朋友，因为凡是与她接触的人，都觉得她太难相处。而阎丽也总是将自己的这些性格归咎于成长环境，认为是父母之间的不和谐的关系影响了自己，于是，总是在父母面前抱怨不止。

一直以来，她始终认为只要找一个体贴且能疼爱自己的男人，便能过上真正属于自己的幸福日子。很快，朋友们都听到了她要结婚的消息，纷纷表示："她终于可以卸掉冷傲的外表，过上舒心踏实的日子了。"

她的丈夫是个体贴、憨厚老实的男人，不仅脾气好，而且对她也好，每当她毫无缘由地发脾气，他总是会忍着，而且还想方设法地去哄她高兴。阎丽也曾满脸幸福地告诉周围的朋友："我从来没有遇到这么好的男人，能和他生活在一起，我相信这辈子都会很幸福，至于过去的那些事情我也会慢慢地忘掉。"

然而，结局并不像阎丽所期待的那样。一年后，她却与老公离婚了。她的丈夫因为无法忍受地狱般的生活，终于向她提出了离婚的请求。

许多生性悲观者都认为，幸福是有条件的，只要某种条件或目标达到了，幸福就自然会来。殊不知，幸福是一种习惯，它与外界环境、物质的多寡完全无关。一个对生活充满悲观情绪的人，无论处于什么样的状态下或者达成什么样的人生目标，都很难获得人生的幸福，即便是拥有了幸福感，也只是暂时的。

我们要知道，幸福感其实并不受金钱、环境等外物的影响，更多的时候，它只是个人意志、性格等内在因素发挥作用的结果。我们要获得幸福，最重要的是从寻常生活中寻找幸福，遇到不顺心的事情，不妨换个角度去看，重新审视自己的生活，养成时刻寻找幸福的习惯。你还可以尝试每天或是每周记录下两件让自己感到开心的事情，这些事情会提供给你获得幸福的原动力，而且记录下这些事情，也能够让你牢牢地记住那些令你感到快乐的理由。起初，可能需要花费一点时间，慢慢地你就会形成习惯了。

养成拥抱幸福的习惯，就会用积极乐观的眼光对待周围的人；养成拥抱幸福的习惯，就会少一些抱怨，多些理解和宽容；养成拥抱幸福的习惯，才能在平淡的日子里感受到快乐，才能让平凡的日子绚烂多姿，充满色彩。

减轻自我痛苦的最佳"良药"

一位作家说，生活中，女人从来是不会真输的，因为女人从来不标榜自己是无敌强者。大哭大笑，让女人多了一条跟痛苦讲和的途径。由此可见，大哭大笑、倾诉等疏解痛苦的方式，也是跟自己讲和的一条重要途径。

阿瑟·普雷斯德是美国波士顿一家心理医疗机构的医师，在临床中，他经常会发现这样的一些人，他们本身肌体或生理上根本没有什么毛病或问题，但是他们却认为自己患了某种病，感到浑身不自在。例如，一个人总是怀疑自己患上了某种"心脏病"，总是觉得胸闷、喘不上来气；还有一些人总是觉得自己患上了"胃癌"，并因此而痛苦不堪。阿瑟·普雷斯德医生认为他们真正的疾病并不是出自生理方面，而缘于心理方面。

为此，他专门对这些人进行了心理疏导方面的治疗，教他们如何调节自己的心态。极为神奇的是，很多人在进行这些心理调节之后，觉得浑身轻松，再也没感到有什么病症了。其实，阿瑟·普雷斯德医生运用的主要的心理疏导方法是沟通。他告诉那些处于痛苦中的人，适当地向他人倾诉你的内心，把心底的话说出来，是减轻痛苦的最佳药剂。

生活中，那些难以感受到幸福和快乐的人，都有一个特点，就是爱把自己内心封闭起来，尤其是爱压抑自己内在的情绪。心理学家指出，压抑情绪就是指对自己心理上的束缚、抑制。尤其是对悲伤、忧虑、恐惧等消极情绪的极力压制，会导致人们心情沉闷、烦恼不堪、牢骚满腹、暮气沉沉。不仅如此，还表现为对外面的世界生厌、漠不关心、对别人的喜怒哀乐无动于衷，对什么事情都失去兴趣。成天把自己拘泥在自我约束之中，心头似有千斤重的石头压着，快要窒息，长此以往，就会觉得自己的身体出现了某种病变，从而更加痛苦、消沉，形成一个恶性循环。对此，要减缓这种痛苦或烦愁的情绪，我们就要学会宣泄。当然，要宣泄自己痛苦的情绪，除了向人倾诉，还可以尝试运用以下几种方法：

1. 用流泪把内心的"毒素"释放出来

有些心理学的老师会给学生们上这样一堂课：他们在课堂上，播放悲伤的音乐，在旁边"添油加醋"地劝说，再加上对环境的把控和气氛的制造，来诱发学生悲伤的情感，从而大声地哭出来。学生们哭过之后，浑身上下就感到无比的轻松，心情也随之好起来。

其实，哭和笑一样，都是人类的一种本能，是人情绪的直接外在流露，都是我们必须经历的情感体验，都自有它们的奥妙所在。哭泣，无论是身体上还是心灵上，都是一种最好的释放。哭泣是造物者赐予我们的天生本领，我们要好好利用。

2. 自言自语也是一种极好的"倾诉"方式

生活中，当我们找不到倾诉的对象或者实在难以启齿时，自言自语是最好的解决方式，也是属于一种勇敢的"自救"。心理学家认为，"自言自语"，是恢复心理平衡的一种有效方式。德国的心理学家也经过研究认为"自言自语"是消除紧张的有效方法，有利于身心健康，是一种简单易行的自我保健方式。

3. 平时积累一些劝人暖心的名言或者句子，记得把它们抄下来，在心情不好或者感到压抑的时候，拿出来看一下。在这些名人警句里，或许可以找到治疗你心理郁闷的药方，让你心情舒畅，彻底快乐和幸福起来。

4. 短暂的旅行，给心灵放个假

在充满压力的生活中，我们时常会感到身心疲惫。短暂的休息也许让我们疲惫的身体恢复活力，但是精神上的压力却不能有效地释放出来。那么，就不妨来一场长时间的旅行，让自己的心灵彻底得到解脱，只有心灵上的真正美好，才会让我们发自内心地有一份好心情。

上面都是一些常用的减轻内心痛苦和忧愁的方法，我们完全可以将这些运用到生活中。最后还要提醒你，当你心情感到抑郁沉闷的时候，一定不要将它憋在心里，而是应将它说出来！

第九章 | 没有命中注定的不幸，只有不肯放手的执着

——要想被爱滋养，须懂得与冲突握手言和

爱情与婚姻中的多数不幸，都源于内心的嗔念：遇到了爱的人，对方却无法对自己动情，于是极为烦恼；对爱人付出了一切，却换来了对方的背叛，于是痛苦难耐；与伴侣在一起，却无法忍受他的各种缺点，于是试图改变，致使自己疲惫不堪……其实，在爱情的世界里，没有命中注定的不幸，只有不肯放手的执着。我们之所以痛苦、伤心、难过，在于将"爱"抓得太紧，觉得一旦爱上了，就该牢牢地将对方"捆绑"起来。其实，无论是朋友、亲人还是爱人，都是一个人格独立的人，爱的前提应该做到能给对方足够的尊重，并给予对方足够的自由。这样既是放过对方，也是与自我进行和解的方式。

接纳失去：遗憾的爱情也是一种美

关于爱情，作家张小娴说过这样一句话："爱情和情歌一样，最高境界是余音袅袅。最凄美的不是报仇雪恨，而是遗憾。最好的爱情，必然有遗憾。那遗憾化作余音袅袅，长留心上。最凄美的爱，不必呼天抢地，只是相顾无言。"她告诉我们，遗憾是爱情的至高境界，它能让人回味无穷、长留心中。所以，生活中，当爱情跟我们告别时，切勿去呼天抢地、痛哭流涕，而应该以淡然的心态接纳失去，让曾经的美长留心间。

一位年轻的男子在熙熙攘攘的人群中看到了一个长发飘飘，身材婀娜的女子。与对方虽然相隔很远，但是女子的倩影依然能够令他怦然心动。于是，他就拼了命地挤到了这个背影的身边，希望一睹对方的芳容，并渴望能与对方搭讪，成就一段美好的姻缘。

然而，当他走近看到这个女孩子的真实容颜时，却让他大失所望。她的脸上长满了青春痘，而且眼睛也根本不像自己想象的明亮和有神……这与自己所设想的"正面"简直就是天壤之别！最终，这个年轻人逃也似的离开了，原本准备好的搭讪的话也咽到了肚子里。

后来，这个年轻人为自己的行为悔恨不已，因为自己的强求破坏了心中那幅美好的"美景"。

这个故事告诉我们，爱情有时候要留些遗憾，才会越发美丽。聪明的女人要懂得，人生就是一次不圆满的旅行，有时候，错过也会成为生命中的一道亮丽的风景线。

有一天，静在去上班的路上，突然遇到了大雨。因为没有带伞，所以，只好无奈地站在公交站牌下面等公车。当时的雨下个不停，静的公车还没有来。眼看着车站上的人一个个地上车离去，静顿时懊恼自己的粗心。

翔开着自己的车子在雨中奔驰，他开得不是很快，因为他喜欢雨天，喜欢看雨中的一切，这个时候，忽然一个靓丽的身影映入眼帘，那就是静。虽然她个子不高，但是很有气质，而且雨水淋湿了她前额的头发，翔看着竟不由自主地放慢了车速，最终停在车站的旁边。

一辆辆的公交车来了又走，女孩依然在站台等待，也许是她的车还没来吧，翔就这样想。其实，雨中的她显得十分纯情自然，就像一朵刚刚盛放的白玉兰，纯净得让人忍不住多看几眼。

翔就这么看着，他不知道自己能否邀她上车，然后送她回家，因为他们毕竟素不相识，即便他邀请了她，她未必会相信他，翔不断地在心中猜测着。

雨不停地下着，静就这么焦急地等着，翔就这么看着。

终于，来了一辆公交，静上去了。翔看到静上了公车，看着公车在雨中缓缓行驶，他忽然觉得自己很是失落。是因为她吗？他们毕竟不认识呀，但为什么自己会不开心呢？难道自己真的在一瞬间喜欢上了他？翔嘴角露出了浅浅的一笑，这个女孩确实使他的内心荡起了一层涟漪。

翔有些后悔自己没有停过去，让她上自己的车子，这样或许他现在也不会后悔了。可是这都是假如，翔又笑了笑，其实错过了也好，虽然错过了，但是在自己心中留下了一份美好的回忆，这可是一件美事。更何况，如果邀她上车，如果遭到拒绝，留给自己的也就是一份尴尬了。这样错过也许是最好的结局，错过并不等于失去，更何况自己从来没有得到过，又何谈失去呢？

每个人的一生都会错过很多东西，错过之后很多人都会感到遗憾、后悔，殊不知，错过有错过的美丽，正是因为当初的错过，才成就了如今的完美。

每个人的一生总会有许多错过，几多忧愁，几多相思。在我们停留在错过的遗憾的不经意间，许多美好的事物与回忆却与我们擦肩而过。也许那些在不经意间错过的才是最美好的，如果我们只停留在眼前错过的伤感中，我们会错过更多。

人们总喜欢把错过和失去当成是人世间最遗憾的事情，为什么不把错过看作人生最美的邂逅呢？凭着自己对未来的憧憬，告诫自己努力前行，在每一个相思的日子里，在每一个翘首以待的时刻，幸福地过着今生的分分秒秒，这样的错过也是人生一道美丽的风景。也许，这一次的错过是下次邂逅的开始，错过并不意味着失去，而是意味着更完美的开始。

爱对方，就要学会接纳他的过去

恋爱中的男女，总有这样一种习惯：盯着爱人的过去不放，总想追溯爱人过去都做过什么、和几个人谈过恋爱。当得知真相后，自己就会变得暴跳如雷，即使这已经是过去很久的事情。也许有的人觉得：我这么做，是因为我爱他（她）！可也正是因为这份"独特的爱"，让你陷于苦闷不能自拔，更让这份感情摇摇欲坠。

在这个世界上，无论是谁，都有属于自己的感情世界，这是任何人都无法抹去的事实。即使你如何不高兴，往事毕竟只是人生中的过往云烟，你并不能追溯到过去阻止这一切。所以，面对爱人的过去，与其纠缠不休，不与学着接纳，与自己和解。

　　李新和妻子许芳终于搬进了新房，这让两人很高兴，每天都在为新家忙碌着。

　　有一天，许芳正在收拾柜子，突然，她看到了丈夫以前的一本日记，就随手翻看了起来，从中了解到了丈夫和以前的恋人的一些事情。尽管日记只是李新中学时期的记录，可是许芳依然愤怒不已，和李新大吵了一架。

　　从这以后，许芳仿佛有了"法宝"，每次和李新吵架时，都会询问他以前的恋情究竟是怎么一回事。甚至，她在空闲之余将日记反复看了十几遍，每一个细节熟记在心，不管走到哪里，都会回想起丈夫以前有没有和别人来过这里，做了什么事。

　　许芳知道，其实这样的行为不好，可是她始终无法控制住自己，白天无心工作，晚上也睡不着觉。孩子如今已经上小学了，为了孩子，她不想和丈夫离婚，但她也无法原谅丈夫，于是就每天用语言折磨李新，让他浑身难受。

　　一个月后的一天，许芳因为一件小事和李新争吵了起来，其间又说起了那本日记。终于，李新再也无法忍受了，他大声说道："够了，够了！难道你每天都活在10年前吗！算了，咱们离婚吧！你就永远活在那本日记里吧！"说完，他愤怒地穿上了外套，走出家门，几天也没有回来。

　　一开始，许芳以为丈夫只是赌气，早晚会回家的。可是一个星期过去了，她依旧没有等到李新，心里不由有些紧张了。她给李新打电话，联系其他朋友，可是依然没有他的丝毫消息。

　　就在许芳手足无措时，突然接到了派出所的电话：在李新离家出走那晚，他一个人来到河边喝酒解闷，结果因为醉酒，不慎落入水中身亡。听完这话，许芳立刻瘫倒在地上，没想到自己的固执，却给丈夫带来了灾难。

许芳总是记着丈夫的过去，不仅让自己每天活在忧郁之中，更导致丈夫出了意外，这一切都是她不能忘记过去造成的。

你可以静下心来细想一下：两个人在一起，是多么温暖和幸福，如果你爱对方，就应该珍惜你们当前所拥有的时光。过去已经成为过去了，就算你再计较又有什么意义呢？与其计较他的过去，不如花精力去了解他的现在！

想要与爱人一起体会生活的快乐，想要与爱人感受到幸福的流淌，我们就应该和他或她一起迎接未来的生活，而不是让过去变为自己生活的负累。要知道，重提不愉快的往事，不仅会给自己带来伤害，还会给对方造成一些不必要的痛苦。甚至，对方还会为此而感到烦躁，最终不得不选择与你分道扬镳，那时你收获的只会是后悔。所以，想要与另一半牵手一生，那么你就应当懂得这样一句话：爱对方，就要接纳其过去。这是与自己和解，也是与你们的感情达成和解。

接纳现实：得不到你所爱的，就爱你所得到的

人生的际遇很是奇妙，不是相遇得太早，就是相逢得太晚。不是冲动在制造伤害，就是时间在创造遗憾。所以，当爱情留下遗憾时，与其为了得不到的东西而苦苦追求，不如珍惜你所得到的。

有这样一个故事：

静和强是一个单位的员工，从见强的第一眼起，静就爱上了这个帅气的大男孩。而强却不爱她，只喜欢梅。梅是个标准的大美人儿，眼光可高了，尽管强总是缠着梅，但却得不到她一丝的欢心。后来，梅嫁给

了一个海归，强就彻底地绝望了。

一天晚上，静约强出来散步，婉约羞涩地向他表白了。强被这突如其来的爱情震惊了。但是，强知道，自己内心不喜欢静，为了不给对方造成伤害，就拒绝了她。强对静说，他爱的女人不爱他，他谁也不爱了，心已死，现在不想谈恋爱，让静以后不要再来找他。

静哭了一晚，上班的时候也流泪，同事都感到莫名其妙，问她原因她也不说。几天下来，静仍旧不停地哭泣。强终于开始心软了，终于答应接受她。

强和静的恋爱一点也不浪漫。他们没有看过一场电影，没在外边吃过一顿饭，强因为心中装着梅，对静很是漠然。即便是这样，静也愿意和强交往，她给强洗衣服，做他爱吃的饭菜。强生病时，她无微不至地照顾他。

后来，强就和静结婚了。但是强依然对静不体贴，家务活儿都是静一个人承担。一天，静在买菜回来的路上，被一辆大卡车夺走了生命。等强带着孩子赶到现场的时候，静已经永远地闭上了双眼。

此时的强悲痛欲绝，他将死去的妻子深深地拥入怀中，回想过往静的辛苦，回想起静的好，泪水一滴滴地落在静苍白而又瘦削的脸颊上面。

清明时分，强来给静扫墓，跪在静的坟前，哭红了双眼，抚摸着妻子的墓碑说道："亲爱的老婆，你知道吗？直到今天我才知道我是多么地爱你。我爱你，真的很爱，但我却永远也尽不了一个丈夫的义务了。过去我总是冷落你，现在想想自己真的是个浑蛋。下辈子请让我好好地照顾你，爱你一辈子，好吗？"可是静再也听不到了。

人总是这样，当我们失去的时候，才真正懂得曾经拥有的东西是多么的珍贵；总是珍惜自己未得到的，而忽略了自己所拥有的。殊不知，眼前的一切是多么不易才来到身边的。

所以，当我们不能得到自己所爱的时候，我们应该努力去爱我们所得到的，不能因为执着于那些未得到的东西，将自己那些已经拥有的美好东西也丢弃了。

结婚后，她一直给他做洋葱吃：洋葱肉丝、洋葱焖鱼、香菇洋葱丝汤、洋葱蛋盒子……因为她第一次去他家，他母亲拉了她的手，和善地告诉她——虽然他从不挑食，但从小最爱吃的是洋葱。

她是图书管理员，有足够的时间去费心思做一款香浓的洋葱配菜，但他却总是淡淡的。母亲为他守寡近20年，他疯狂爱着的女子母亲却不喜欢，他对她的选择与其说爱，不如说是对自己孝心的成全。

她似乎并没有什么察觉，百合花一样安静地操持着家，对母亲的照顾比他还上心，妥帖周到。婚后的第四年，他们有了一个乖巧可爱的女儿。

平缓的日子一日日复印机一般地掠过，再伤人的折磨也钝了。当初流泪流血的心也一日日地结了痂，只是那伤痕还在，隐隐地，有时半夜醒来还在那里突突地跳。

那天他去北京开学术研讨会，与初恋情人小玉相遇，死去的爱情电石火花般苏醒。相拥长城，执手故宫，年少的激情重新点燃了一对不再年轻的苦情人。

小玉保养得圆润优雅，比青涩年少时更多丰韵，一双手指玉葱般光滑细嫩。在香山脚下他给她买了当年她爱吃的烤地瓜。她娇嗔地让他给剥开喂到她的嘴里，因为她的手怕烫。七天很快过完，他回家，记得她娇艳如花的巧笑，记得她喜欢用银匙子喝咖啡，记得她喜欢吃一道他从没吃过的甜点提拉米苏。

母亲已经故去，他不想太苛待自己了，每年他都以开会或者公差的名义去北京。妻子单位组织旅游的时候，他还甚至让小玉来过自己的家。他的手机中也曾经爆满火热滚烫的情话，甚至他们的合影曾经被他忘在脱下的上衣口袋里，待了一个多星期……可这一切都幸运地没有被发觉。

平地起风云，妻子突然被查出得了卵巢癌，已经是晚期了。住进医院后，女儿上学需要照顾三餐，成堆的衣服需要清洗，家里乱成一团糟。那次他在家翻找菜谱时，在抽屉里发现了一个带扣的硬壳本子。打开，里面竟然有几根玄红的长发。妻子一向是贴耳短发，自结婚以后。他好奇地看下去，原来这是他和小玉缠绵后留下的，还有那些相片，妻子一直都知道，因为从来没让他的脏衣服过夜。他背着妻子做的一切，妻子都心如明镜，却故作不见。几乎每页纸上都写着这么一句话：相信他心里是爱着我的，后面是大大的几个叹号。

他心里一片空茫地去医院，握住妻子磨粗的手，问她想吃什么。妻子笑着说，你哪会做什么菜，去给我买一份鸭血粉丝汤吧。她每天做好了他爱吃的洋葱，熨好了他第二天穿的衬衣，在家等他，20多年了，他却从来不知道在南方长大的她最爱吃鸭血粉丝汤。

妻子走后，他掉魂一样地站在厨房里为自己做一道洋葱汤。他遵照她的嘱咐将洋葱放在水里，然后一片片剥开，眼睛还是辣得直流泪。当他准备在案板上切成细丝时眼睛已经睁不开，热泪长流。他从来不知道那样香浓的洋葱汤，做的过程这么艰难苦涩。七千多个日子，妻子就这样忍着辣为自己做每一份洋葱汤，只因为他从小就喜欢吃。

而小玉那双保养得珠圆玉润的手，只肯到西餐店拿匙子吃一份提拉米苏。傍晚时分，一个站在九楼厨房里的男人拿着一瓣洋葱流泪发呆，他终于知道真正的爱情就像洋葱：一片一片剥下去，总会有一片能让你泪流满面……

生活中，我们活得不幸福，是因为我们不懂得珍惜当下我们所拥有的。我们总是将眼光放在失去的东西上面，而忽视我们当下所拥有的，殊不知，你本身所拥有的东西才是你能够真正把握的，只有在事实成真的时候，学着去接纳，然后认真爱你所拥有的，才能感受到真正的幸福。

给爱一点呼吸的空隙：抓得越紧，失去就越快

有人说，爱情就像握在手中的沙子，你抓得越紧，它便流得越快！你拼命对一个人好，生怕做错一点事情对方就不喜欢你，这不是爱，而是取悦。分手后觉得更爱对方，没他就活不下去，这不是爱情而是不甘心，就像拼命努力工作的人，生怕别人会看不起你，这不是要强，而是恐惧。所以，面对爱人，要学会从容，懂得与自己和解，别把对方抓得太紧，时时给自己松绑，也给对方呼吸的空间。

一个正处于恋爱时期的女孩子问母亲："我们恋爱已经三年了，刚开始的我们很是甜蜜，但是我怎么越来越觉得爱情变得沉重了呢？我该以怎样的态度对待爱情呢？"

母亲便轻轻地抓起地上的一把沙子，沙子全部都盛在她微微凹卷的手心里，一粒也没有掉下，然而，当母亲紧紧抓住沙子的时候，沙子则几乎全部从她的手缝中掉落了，当母亲再次摊开手掌的时候，手心中的沙子已经所剩无几了。

这就告诉我们一个道理：爱情就像捧在手中的沙子一般，你不抓紧它，它就是满满的，不会撒落，一旦抓紧它，就会使彼此无法呼吸，爱情就会变得扭曲，也就很容易失去对方。也就像一首歌中所唱的那样，

爱来之不易，要留一点点空隙，彼此才能呼吸，这才是抓紧对方的关键。

生活中，我们经常听人会抱怨：我已经对他付出了全部，为什么还是得不到他的心；我为他放弃了一切，他为何还是移情别恋？……许多人失去爱，并不是因为不够爱，而是因为爱得太浓，把对方抓得太紧。

凌薇和男友林枫相处有两年了，当初她为了男友放弃了在老家考公务员的机会，因为她担心距离会将他们分开。

两年来，凌薇觉得自己已经对男友付出了百分之百，但却觉得男友对自己越来越冷漠了。每天下午只要一下班，她便会第一时间到林枫单位的门口等他，两人一同回到家中，凌薇还会主动下厨做他最喜欢吃的饭菜，星期天则会承担所有的家务。但这些付出丝毫不能打动对方，凌薇觉得他离自己越来越远了。

对此，林枫也很委屈，经常对朋友这样抱怨："我们不在一起的时候，想起她为我做的一切，确实让人很是感动。但是只要我们在一起，我就觉得特别烦她，总是唠叨个没完。不是我不知足，而是我只希望她能给我一点点的空间。周末我很想和同事一起出去打打球、爬爬山，但是她非拉着我去逛商场；晚上下班回家，我只想去和几个好哥们儿喝点酒，可是她非要跟着我，一会儿不让我做这，一会儿也不让我动那，真是让人太压抑了！"

凌薇的闺密劝她要懂得给对方一点空间，这样才能让他对你死心踏地，但是凌薇总觉得自己并没有做错什么，她觉得自己那样做，无非是想给对方多一点的爱。

就这样，几个月后，林枫终于向她提出了分手，理由是：你给的爱确实太沉重了，令人无法呼吸，我实在是承受不起。面对如此沉重的打击，凌薇哭得很是伤心，苦苦央求林枫不要离开她，最终，还骂林枫太

忘恩负义，自己付出那么多，却不懂得感恩……

凌薇因为付出得太多，压得林枫喘不过气来，最终让甜蜜变成了沉重的负担。如果凌薇听从了闺密的劝告，多给林枫一些自由，一些空间，她自己就不必爱得那么辛苦，也不会让林枫逃离。

爱得太深切，就变成了自私，变成了占有，就会令彼此觉得疲惫不堪。很多人之所以失去爱情，就是不明白，爱情固然是甜美的，但若为"自由故"，就会被人所弃。所以，当你给予对方过多的爱的时候，就意味着你已经抢占了对方独立的"地盘"或"圈子"，这时候，原本的"付出"也就变成了"索取"，最终让对方觉得你蛮不讲理，不可理喻，会让人逃离你。所以，要想让爱情甜蜜永远，就要学会从容爱，切勿拼命爱。请给对方一点独立的空间和隐私，让双方都能在爱情中享受自由、顺畅地呼吸。

总想着去约束改变，不如去接受

在进入婚姻后，许多人，尤其是女人总希望按照自己的方式去纠正男人的缺点，试图用自己的方式去打造一个自己理想中的对方。尤其是做了家庭主妇的女人，很喜欢按照自己的规划来行事。比如，经常会拿男人不换衣服、不做家务等卫生习惯来对男人大加批评、指责！久而久之，让男人感觉家就是需要遵守很多规矩的地方，那么家庭所代表和承载的港湾的意义就荡然无存了。

很多时候，男人会因为爱而走进婚姻，但是这并不代表他愿意在爱的约束之下丧失自己的一片天空。在婚姻中，他们希望的是默契、宽容和理解，而不是批评、指责和约束。如果你经常让男人在家中不能够获得自如愉快的感觉，那么，其家庭的吸引力就会逐渐地丧失，那么，他也会渐渐地对你愤怒甚至反感！所以，聪明的人，面对另一半，会给对方以最大的尊重和自由，学着去包容和接纳其优点和缺点，这也是在给自己尊重和自由。

张姣在没有嫁给晓杰的时候，经常帮助晓杰收拾房间，打扫卫生。在晓杰的家中，张姣经常看到这样的情景：洗发水的瓶子斜倒着，瓶身和瓶盖"身首异处"，洗发水流掉的比用的还多；毛巾经常被揉成一团，"蜷缩"在洗衣机上；没有拧紧的水龙头，经常滴滴答答地流着水……张姣想，等他和自己结婚了，有了责任感，这些毛病可能就能改掉了。

他们结婚后，晓杰从男友升级到老公，但是以前的坏毛病却仍旧没有改变。张姣先是温柔地给他提示，经常对他说："亲爱的，你看我每天收拾房间多累啊，你的坏毛病也该改改了。"晓杰每次都答应着，但是第二天却照样如此。张姣见此招不灵，只好给他来硬的，不时地用生气的语气警告他说："如果你再乱扔东西，我们就直接离婚。"

这当然能引起晓杰的重视，但是三天之后，一切又恢复了老样子。

张姣感到失望至极，摆在她面前的现实是，她的老公根本就是恶习难改。失望了一段时间后，她又开始了改造他的新计划。比如，她经常会在旁边监视他刷牙洗脸，看到他乱丢东西，或者水龙头没拧紧，立即在旁边严肃地提醒他。当他四下里找不到车钥匙的时候，随他如何着急，想他如果吃了亏，就能够改掉了。

但遗憾的是，这些方法都没有奏效。在经历了无数次的斗争之后，张姣终于明白：她改造老公的目标永远没有实现的可能。而张姣的这些做法，让晓杰时常感到厌烦，对张姣也越来越冷漠了。

很多像张姣那样的女人从结婚的那天起，都想着按照自己的意愿去改变自己的丈夫。他们一会儿嫌丈夫走路姿势没风度，一会儿嫌丈夫不注意生活细节……结果导致丈夫的反感，甚至影响夫妻正常的感情交流。

要知道，最好的家庭绝不是最整洁的屋子，最温暖的家庭也绝不仅仅是一个整日操劳的妻子就能够代表。当我们不断地企图纠正对方的各种坏习惯的时候，忙着将对方变成另一个自己的时候，我们是否应该停下来想一想：是否我们根本就是在爱那个潜在的自己，而忽略了对方的感受呢？有些东西在你的生命中是必需，但在对方的生命中却未必，你拿自己的理念去要求别人，本身就是极专横和小家子气的表现。爱应该有适度的自由，否则就会成为牢笼，对方会渴望挣脱。你真的爱他，或者想和他过一辈子，就要接受他与生俱来的缺点，就要尽力学会去尊重和接纳它，别勉强他，嫌弃他。

真正聪明的人会用宽容和理解去经营自己的家庭，让双方都生活在比较自由和宽容的环境中，用彼此能够接受的方式去让对方知道：我需要你，但是我更努力地让你需要我，这才是我存在的价值，如果你不再需要我，我会找到一个地方放置我自己。要知道，每个人都不喜欢被人指责，更不喜欢每天看到的都是一个愁眉不展、不快乐的人。在任何时候都不要用你的标准去判断你的男人，批评他的冷漠和薄情，他也是一个血肉之躯，也想生活得更简单一些，你的苛责和挑剔，只会让他离你越来越远。

不折磨，不纠结：结婚前，先"分手"

生活中，很多夫妻闹矛盾，生冲突，不是因为不爱，而是因为爱得太多。爱多了，女人的要求就会越多，男人的责任也会越大，身心就会越疲惫。很多人的婚姻不是败在了"无爱"上，而是败在了"疲惫"上。所以，真正的聪明者对待婚姻或爱情，都会持淡然的态度，在与对方相处时，会先与自己和解，不折磨，不纠结。

她和他是在旅行的火车上相识的：她就坐在他的对面，杰端看着素洁、清雅的她，犹如一幅画。于是，他便拿出画笔，开始画她。当他把画稿送给她时，才知道，两人在同一个城市。两个月后，她们便坠入爱河。

那年，她成了他的新娘，亦如实现了一个梦想，甜蜜而满足。但是婚后的生活就像划过的火柴，擦亮之后就再没了光亮。他不拘小节，不爱干净，不擅交往，崇尚自由，喜欢无拘无束的生活。而她却对他的这些个性完全无法接受，两人经常因为家务琐事而吵个没完没了。而他也觉得她束缚了他的心灵，影响了他的创作。相互没完没了的折磨和撕扯，让他们都身心疲惫。

终于，她含泪和他离了婚，但是带走了家里的钥匙。虽然离婚，但他们心里都明白，分开是因为太爱、太在乎，太在乎的两个人不适合做夫妻。

从此之后，她不再管他蓬乱的头发，不再管他几点休息，不再管他到哪儿去，和谁在一起，只是一如既往地去收拾房间，清理那些垃圾。他也习惯她间断地光临，也比在婚姻中更浪漫地爱她，什么烛光晚餐、远足旅游、玫瑰花床，她都不是在恋爱和婚姻中享受到的，而是在现在。除了大红的结婚证变成了墨绿的离婚证外，他们和夫妻没什么两样。

后来，他终于成为有名的艺术家，那一尺尺堆高的画稿，变成了一打打花花绿绿的钞票，她帮他经营帮他管理帮他消费。他们就一直那样过着，直到他被确诊为癌症晚期。弥留之际，他拉着她的手问她，为什么会一生无悔地陪着他。她告诉他，爱要比婚姻长得多，婚姻结束了，爱却没有结束，所以她才会守候他一生。

生活中，很多人的爱情或婚姻出现两人相互折磨、撕扯，都是因为太过在乎和关注对方造成的。因为太过关注对方，就难免会放大对方的缺点。有人说，婚前是与一个人的优点在谈恋爱，而婚后是与一个人的缺点在过日子。于是，矛盾和冲突就会不断发生。

对此，情感作家苏岑说："最良好的夫妻关系，不是火热的激情，也不是温暖的亲情，应该是互相理解的友情状态。这个状态下，双方最容易敞开心扉，这是最舒服的男女相处模式。想要留住男人，妻子要学会做他的好友知己。"所以，真正的聪明者，在结婚前，会趁爱情与激情还未褪去，先与男人"分手"，在婚后对爱保持淡定从容的态度，不折磨、不纠缠，努力做对方最贴心的好朋友。

《源氏物语》里的花散里，是一个无背景，无美貌，不娇媚，也并不聪明可爱的平凡女子，却能成为源氏夏宫之主，让源氏宠爱一生，始终与其智慧的爱不无关系。

在当时的源氏六条院中，春之宫中有紫姬，貌若天仙，颇得源氏之意；秋之宫中住着的秋好皇后，乃源氏养女，有很硬的背景；冬之宫中的明石姬，秀美聪慧，并诞有子嗣，颇有威望。与这些"大人物"相比，花散里是再平凡不过的，她年纪稍长，相貌平平，最终却陪源氏走到了最后。

花散里最吸引人的地方就在于其雅静平和，宽容大气，善解人意，不妒忌，不苛求。对于源氏她始终保持淡定从容的态度。在搬进六条院不久，她就主动提出与源氏"分手"的请求，主动要求不与源氏同房。在诸多复杂的情况下，她始终都能保持平和淡然，这让她获得了源氏的关爱和信任，成为源氏身边众多女人中，最值得信赖的人，甚至曾经放心地将两个孩子先后交给花散里抚养。

在后来，源氏经常不经意间就会到夏宫找花散里，两人分榻而卧，彻夜长谈。这里是唯一一个能让源氏无所顾忌地畅所欲言的地方，也是仅仅说说话就能让源氏安心放松的唯一人选。

婚姻是一个人一生最重要的"事业"之一，要经营好这项"事业"，不仅需要耐力、魄力，还需要智力。结婚前，先学着与自己和解，与你的爱人"分手"，扯断那些情侣间因为承诺或责任引发的累人、伤人的折磨，恢复朋友式的尊重与独立。在始终如一地保持独立"自我"的同时，努力做他的心灵伴侣，给他灵魂上的抚慰与愉悦，不在复杂的婚姻生活中迷失、沉沦。不苛求完美，默默地用一份沉静的美与安然的平和去守住自己的爱人，牢牢地握住属于自己的幸福。

舍弃苛求，学会接纳伴侣的不完美

一位心理学家说："对自己苛求的人，对他人也不会宽容。这样的人总是很自我，总喜欢用自己的标准去衡量别人的言行，稍与他的标准不相符，便会被他认为是坏习惯。殊不知，世界上许多事物的评判标准并非只有一个，世界也不是以你为中心的，过于苛求，就是与自己过不去，会使自己更加苦恼，也让他人难以忍受。"一个人若总是去挑剔别人，不能包容他人的不完美，主要是因为自己狭隘的心胸造成的，心中只装得下自己，却无法容忍别人。要知道，花园因为不同的色彩才会缤纷绚丽，你只有认识到事物的多样性，以一颗包容的心态去面对，才能与他人和谐相处，对爱人更应如此。

有一天，一个人满脸憔悴、神色黯然地去见一位智者。原来，这个人刚刚结婚，但从他脸上看不出任何新婚宴尔的喜庆。

他对智者抱怨道："我的婚姻为什么总是很不幸，我的前妻毛病很多，每天总爱唠叨，而且脾气暴躁，家里家外没有她管不到的。另外，她还特别爱花钱，不喜欢做家务。每次总是会趴在我的腿上撒娇说，老公咱们去外面吃吧！偶尔在外面吃一顿，我还是可以忍受的，但是，她三天两头要出去，我们为此经常吵架。久而久之，我对她厌烦至极，于是向她提出了离婚，前妻毫不犹豫地答应了。

第一次婚姻的失败，我苦闷难当。一年过后，我想再婚，当时我想找一位能够省吃俭用，爱干净又不乱花钱的女人进门。不久之后，我的愿望实现了，朋友给我介绍了一个女孩，各方面的条件都符合我的要求。我非常喜欢她，认为这次婚姻一定能够得到幸福。于是，就满怀期望地将这位女孩娶进了家门。

但是，婚后不久，我就发现我新娶的这位夫人真是太爱干净了，每天都会将家中收拾得一尘不染，我每天回家后必须先被她拽进浴室洗澡，换上家居服才能够吃饭。平时，只要说有亲戚朋友要到家里来，妻子就会马上命令我和她一起大扫除，搞得我筋疲力尽。我这时候才明白，女人如果太爱干净了，可真是要人命啊！

如果仅仅是爱干净也是能够忍受得了的，但是，妻子还爱翻我的钱包，每天要检查我的财务支出，搞得我经常囊中羞涩。每天餐桌上摆放的永远是青菜土豆，偶尔我说，咱们出去吃顿好的吧！天天吃这些，真是太倒胃口了。而妻子却振振有词地说：出去吃，又要多花钱，我看青菜土豆就行，既营养又健康，而且还省钱……

听了她的话，我真想一摔碗就立马走人。但是，刚刚结婚又不能离婚，哎，想想都痛苦，每天都将自己压得喘不过气来！"

智者听了，淡淡地对他说："生活中，每个人都有缺点，两个生活习惯各不相同的人结合在一起，就像两只长满刺的刺猬一样，一不小心就会扎到对方。如果两个人生活在一起，能够相互包容的话，容忍彼此的缺点和不足。能够去发现对方的优点，才能够获得最终的幸福。你的生活之所以太过压抑，是因为仅仅看到了对方的缺点，甚至在心中把对方的缺点和不足放大化了，大到蒙住了你的眼睛，才让你看不到她的优点。"

其实，婚姻也就像一杯原味咖啡，原味咖啡是苦涩的，极为难以下咽的，然而，加了奶和糖马上就会变得极为香醇。幸福的婚姻也是如此，只要你在婚姻中加入爱和包容，就能够体会出幸福的味道。

世界上没有绝对幸福圆满的婚姻，幸福只是来自无限的容忍与互相的尊重。每个人都渴望在婚姻中汲取到幸福的养分。然而，现实婚姻中的男男女女，难免会为了小事闹矛盾、争吵，但是，如果你能以宽容的心态对待对方，便是在放过自己，与自我达成了和解，那么，幸福便不会被打折扣了。

须牢记：没有什么错误可以"永垂不朽"

生活中，我们经常听到有人这样说："曾经，我因为爱错了人，而使自己失掉了一生的幸福。""如果当初没有沉浸在那个男（女）人的甜言蜜语中，我不会落得如此悲惨的下场。"……这样的人，脸上大都挂着"沧桑"，精神落寞，眼神中略含忧伤，但是却看得出，他已经完全从当初那种刻骨铭心的痛苦中咬牙挺过来了。其实，在情场上犯错、受伤，是每个人一生都可能会经历的事情。因为我们都曾经年轻过，年轻就意味着不够成熟，容易受诱惑，更容易受伤。但是，请记住，这个世界上没有什么错误会"永垂不朽"，能让错误"永垂不朽"的是你反反复复重复错误和痛苦的一颗心。

有位哲人说，年轻时如果你在情场中犯了错，受了伤，就该学着去接纳，因为它是事实，已经无可挽回，你该霸气地对自己说："好的，我错了。但我的错误仅仅到今天为止。"总有一天，你会发现：那些曾经让自己痛不欲生、寻死觅活的伤痛，原来只是随手可以丢弃的垃圾。

祥林嫂是鲁迅小说《祝福》中的一个典型的爱重复自己不幸的女人。她年纪轻轻便死了丈夫，成了寡妇，后又差一点被婆婆卖掉，于是，便连夜跑到鲁镇，来到鲁四老爷家帮佣，因为不惜力气得到太太的欢心。不料被婆婆抢走与贺老六成了亲。在此期间，她并没有停止向人抱怨她的不幸，很是招人讨厌。

贺老六忠厚善良，为凑钱还债累病而死，儿子也被狼吃掉，于是祥林嫂又回到鲁四老爷家。纵然她遭遇了种种的不幸，但是她却总把过去的"不幸"挂在嘴上，向周围的人一遍一遍重复自己曾经的痛苦，遭人厌嫌。当她在祝福晚上兴冲冲端出供品时，鲁家大加责骂，于是从此精神萎靡，做事心不在焉，被鲁家赶出去当了乞丐。并在一个祝福之夜，她便死在了漫天风雪中。可以说，祥林嫂是中国劳动妇女的典型。她的悲剧，很大程度上在于她总将自己的不幸挂在嘴上。

很多时候，那些所谓的"坏运气"都是来教化我们的，其实就是告诉我们什么地方出了问题。只要我们着力解决存在的问题，"坏运气"就自然烟消云散了。没有什么错误或不幸能"永垂不朽"地左右我们的人生，人生的意义的确不在于拿一手好牌，而在于打好一手坏牌。

在情场上，每个人都不可避免地会犯错，遭遇痛苦，但是，这些都是我们不断走向成熟和完美的必经之路。要知道，成熟的人是富有魅力的，而人所谓的成熟就是要不断地丢掉自己不喜欢的东西，再难也别忘记让自己开心，笑容总能够让我们离幸福更进一步。

苏岑说，在情场上，能让世界低头，是一种霸气！让自己放手，也是一种魄力！放手，不是距离上的放手，而是内心真正的放下。张小娴也说："当你学会放弃，你才可以承受一切的失望和谎言。我什么都可以不要了，你还能拿我怎样？"这里所谓的"放手""放弃"，其实是告诉我们：在任何时候，都要学会放弃一段错误恋情给自己带来的伤痛，这里的放手，主要是指从心理上进行"放手"。

美国作家路易丝·海在她的作品《女人的重建》中这样写道：在任何时候，女人的一切都掌握在自己手里，女人在任何年龄段都可以重新开始，一个人不幸地活了半生，并不代表她将永远活在不幸里，关键是要给自己重生的机会。

如果受了情伤，首先要学着与自己和解，然后再拿出结束一段错误感情的气魄来，但是前提是：别让这种失去后的痛苦缠绕你！

给爱留一个出路：你转身的姿态也可以很优雅

从前有一位书生，因为要进京去赶考，暂时要离开未婚妻。在进京前，他与未婚妻约好等他回来之后，一定与她共结连理。

然而，半年多过去了，书生进京赶考回来了，而他的未婚妻却嫁给了他人。书生深受打击，心中绝望极了，从此便一病不起。

书生的家人四处求医，但书生的病情还是毫无起色。有一天，书生的家门口路过一个僧人，说自己可以看好他的病。书生的家人就让他进了家门。僧人没有直接给书生把脉，开药方，而是从怀中拿出一面镜子给他看，镜子中一片茫茫大海，一名遇害的女子一丝不挂地躺在海滩上面，旁边路过许许多多的人，但是这些人都只是看一眼，便摇摇头，走开了。

一会儿，又路过一个好心人，他将自己的衣服脱下来，将女尸盖上之后便走开了。一会儿，又经过一个人，走过去，挖了个坑，并小心翼翼地将尸体掩埋了。

书生对此十分地惊愕，那僧人对书生解释道："那具海滩上的女尸，就是你未婚妻的前世。而你是第二个路过的人，曾经只给她过一件衣服。她今生只有缘与你相恋，只为还你一个人情。但是，她最终要报答一生一世的人是前世曾将她掩埋的那个人，那个人就是她现在的丈夫。"

书生随即大悟，从床上坐起，病愈！

这个故事告诉我们：凡事有因有果，如农夫之播种，种豆必然结豆，种瓜必定是结瓜，毫无虚假！面对失去的感情，我们要懂得及时放手并学会优雅地转身，给爱一个出路，以免让痛苦淹没了自己。

其实，给爱留个出路，懂得优雅地放手是对生活的一种豁达，对于抓不住的感情，与其苦苦挣扎，不如及早放手，给别人留下爱的空间，也好让自己有时间去爱另一个值得自己爱的人。

不可否认，失恋或婚姻破裂，对于任何人来说都是一杯难咽的苦酒，尤其对于情感细腻的女性来说，那种烙在灵魂深处的伤痛有可能会一直伴随着自己整个生命的旅程。但是，你要知道，在爱情的世界里，不是每一朵花都能如期地开放，也并非每一朵花都能结出果实来，对于感情来说，当你爱一个人而得不到回报的时候，在你付出千般努力也无法得到一个许诺的时候，在你因爱而受到伤害的时候，与其苦苦地挣扎其中与自己较劲，不如坦然面对，优雅地转身，重新找到属于自己的幸福和快乐。

失去的已经失去，人生的道路还很长。失去一段不属于你的恋情，并非真的要那么遗憾，因为，在你的生命里必定还有一段更完美的、属于你的爱情在等着你去投入。所以当爱情走远时，你一定要学会优雅地转身！

第十章 | 学会平衡情绪，治愈你的内在痛苦

——找寻良方，为负能量找一个出口

从心理学角度讲，与自己和解是一个系列过程，即一个人在受到负面情绪的困扰时，通过不断地感悟、反思，不断地寻找自我，最终接纳所有的一切，与自我达到和谐、自在的一种状态。实际上，当人在遭受负面情绪时，不压抑自我，学着寻求良方，给内在的痛苦找一个合适的通道，将其释放出去，从而使自我达到和谐自由的状态，也是与自我达成和解的一个方面。

生活中，一些有效的良方，比如音乐、冥想、瑜伽等方法可以有效地帮助人们解决情绪失控的问题，可以帮助人们抛开尘世的烦扰，让内在的自己完全放松，能让人们在"自我世界"中彻悟生命的意义，感受善意和快乐，获得宁静平和的心态。所以，当你情绪极为错乱，无法静下心来审视自我的时候，不妨学着运用有效的行为方法终结你的坏情绪，让自己真正地处于平和宁静的状态吧。

平衡情绪，从冥想中的"自我观照"开始

日本作家大川隆法在《冥想的奥秘》中说过这样一句话："人是一部精密的生物电脑，我们的家用电脑需要定期进行自我整理，人的大脑亦然。而自我观照是进行自我整理的较为理想的方法。"在这里，他提及了"自我观照"的概念，即指人的一种自我观察的能力，人不仅能观察环境，还能观察自我，这便是观照。《易经》中上说："仰则观象于天，俯则观法于地"，指的就是人的一种观察能力；而孔子说："吾日三省吾身"，则指的是人的自我观照。大川隆法认为，一个人通过冥想中的自我观照，就能不断地提升自己的意识状态，从而让我们生活得更幸福。

生活中，人们经常会忽略自己的观照，这主要是因为外在的种种诱惑，使我们的心灵迷失了。在诱惑面前，我们从不肯让自己的心灵去休息，大脑不停地转，心心念念都是名和利。我们将自己搞得疲惫不堪，大脑变得异常地迟钝，对周围的环境也不再敏感，对自我的心灵需求更是麻木，我们每日都被烦恼、忧虑、焦虑所缠绕。对此，要平衡情绪，我们应该每天抽出时间，来对自己进行整理。学着闭上眼睛，用意识来观照自己，你可以尝试以下的冥想观照法来整理自我，削减负面情绪的困扰：

1. 观照自己与宇宙

独自坐在一个房间里，或独自坐在河岸边，或任何能够独处的地方。开始感觉你自己的呼吸。闭上眼睛，感知"自我"就在自己的面前：在树间、草地上、叶缝中、在河中。清楚地感知自我就在宇宙中，

而宇宙也在你之中，假如宇宙存在，你就存在，假如你存在，宇宙也就存在。让自己进入一种"既无生，亦无死，既无来，也无去"的状态。然后轻轻地微笑，开始专注于你的呼吸，观照 10～12 分钟。

2. 慈悲地观照你最恨的人

找个安静的地方坐下来。开始调整你的呼吸，并轻轻地微笑。观照那个最让你受苦人的影像，观想他让你最恨，最轻视或最厌恶的特质。试着检视这个人的日常生活，什么会让他快乐，什么又会折磨他。观照这个人的内心：试着看透这个人以何种思维方式或推理方式来生活。审察这个人所希望与行动的动机是什么。最后，再观照这个人的观点是否开阔自由，是否容易被偏见、狭隘的心胸、憎恨或者愤怒情绪所影响，观察他是否是自我情绪的主人。

照这样继续下去，等你看透这个人后，你内心就会感到释然，你的慈悲情怀也会一点点地从心底升起，犹如一口充满了清新之水的井，而你的愤怒与怨恨便开始消散。对同样的人，你可以反复地做这项练习。

3. 观照他人的痛苦，生起慈悲

静坐下来，闭上眼睛，开始调整你的呼吸。选一个你所知的处于痛苦状态的人作为观照的主题。在进行冥想观照时，你要尽量看出那个人正在经历的一切痛苦，比如疾病、贫困、身体的疼痛等。进一步，你再开始观照个体因为"受"所造成的痛苦，比如其内在的心理矛盾冲突、仇恨、忌妒或者内疚等。然后，再看看他由"想"所带来的痛苦，比如内心的悲观，或阴郁狭隘的心态思维所面临的问题。再看看他是否被恐惧、失望、绝望或仇恨等所驱使。再看看他是否会因为其处境、烦恼、他周遭的人、所受的教育、宣传等将自己封闭起来。

静观这些痛苦，直到你的内心生起一股清泉般的慈悲，直到你能了悟那个人是因为环境与愚痴而在受苦。你决定尽可能用最安静、最谦逊的方式，去帮助那个人脱离当下的困境。

4. 观照你人生的成就

选择一个安静的地方坐下，开始调整你的呼吸。开始回忆你人生中重大的成就，并逐一地审视它们，检视引导你迈向成功的才华、品格、能力以及其他有利的条件。你认为成功的主要原因是你自己，并因此而感到自豪和满足，开始审视这种情绪，体悟出你以为的成就并非属于你自己，而是属于非你能控制的各种因果条件的和合。

你能真正地舍弃它时，你才获得了真正的自由，不再被它们所困扰。回忆你生命中最痛苦的挫败，再逐一地审视它们。再检视你的才华、品格、能力，以及其他导致你挫败的不利条件。检视你心中觉得自己无法成功所涌现出的复杂的情绪，以因果观来审视这件事情，了悟你之所以挫败，并非是因你无能，而是因为缺少有利的条件。了悟你根本无力去承担这些挫败，了悟这些挫败并非你个人的事情。了悟到这一点，你就能从挫败感、自卑感中解脱。只有当你能舍弃它们时，你才真正地获得了自由，不再受他们的干扰。

让运动驱散内心的郁闷情绪

很多时候，人内心处于错乱不安的状态，是因为内心的郁闷积压得太久的缘故，比如长时间生活在重压之下，人就会变得抓狂，焦躁难安；长时间被一件事所折磨，内心就会变得抑郁。对此，要将积攒在内心的抑郁情绪释放出来，运动是一种不错的方法。俄国大文豪屠格涅夫曾告诫他人："当人在焦虑不安的时候，在开口前把舌头在嘴里转上十圈，怒气也就减了一半。"所以，当你感到不痛快的时候，可以做一些你喜欢的运动，这样既可以宣泄负面情绪又能够避免伤及他人。

汪女士是公司的一名中层管理人员。她说平日里与人应酬实在太累，赶上一个节假日，她来到瑜伽馆练起了瑜伽。在练瑜伽的过程中，她体会到了乐趣，一方面，锻炼了身体，另一方面让她暂时忘却了工作中的烦恼。

佟小姐有空时会去郊区练习攀岩，在这项运动中，她坦言，自己最大的收获是：在毅力即将达到极限时，成功也随之到来。她说，再回到工作中去，她不会像以往那样踟蹰不前，不会瞻前顾后，因为没有太多的时间允许你犹豫，也没有什么事情不可以做。只要去实践，肯定会有收获，并且经过尝试，最终都会成功。

另外，法国出现了一种新兴的行业：运动消气中心。中心均有专业教练指导，教人们如何大喊大叫，扭毛巾，打枕头，捶沙发等，做一种运动量颇大的"减压消气操"。在这些运动中心，上下左右皆铺满了海绵，任人摸爬滚打。事后，那些参与的人情绪都得到了明显的好转。

上述三则事例都向我们说明了同一个道理：运动是释放不良情绪的一剂良方！运动确实能减压，如下一则实验就说明了这一点。

研究中，科学家以老鼠为研究对象进行了两项实验。

实验一：他们首先将被选入实验中的老鼠分为两组，让其中一组老鼠跑来跑去，进行运动，而另一组的老鼠只是静静地待着，不进行任何运动。然后分别测试它们的脑细胞变化情况。

测试结果发现，进行了运动的老鼠，其脑内的5-HT、多巴胺以及去甲肾上腺素（被称为天然的抗抑郁药物）的水平较高。

实验二：他们将这组运动过的老鼠置于一个冰冷的洗浴池，用来制造一个充满压力的环境。

压力的负作用之一就是会耗竭体内的5-HT的储备。实验结果也正如他们所预料的那样，进行运动的老鼠在压力环境下，其大脑的某个区域诸如 5－HT 之类的活性物质也得到迅速释放，以此应对压力达到平衡。

这说明，运动过的老鼠能够更好地应对压力，而且这一现象也同样出现在人类身上。

另外，从医学角度而言，运动之所以能缓解压力，让人保持平和的心态，与腓肽效应有关。腓肽是身体的一种激素，被称为"快乐因子"。当运动达到一定量时，身体产生的腓肽效应能愉悦神经。适当的运动锻炼，还有利于消除疲劳。那么哪些运动能减压呢？

通常来说，有氧运动能使人全身得到放松。想通过运动缓解压力，可以参加一些缓和的、运动量小的运动，使心情先平静下来，如跳绳、做操、游泳、散步、打乒乓球等。另外，为了达到放松身心的作用，可以选择自己喜爱的、能产生愉悦感的运动，这样效果会更佳。在通过运动来排解情绪时，需要注意以下两个方面的问题。

1. 不要带着情绪去做剧烈的运动

如果带着太大的压力和不良情绪去锻炼，在锻炼中思绪杂乱，注意力不集中，反而会影响锻炼的效果。比如有人刻意去做一些激烈的、运动量大的运动项目，认为出一身大汗，压力和不良情绪就会全部释放出来。其实效果恰恰相反，这种激烈且大运动量的锻炼，不但会造成身体疲劳，加上原来紧张的精神，压力不但排解不了，情绪反而会更坏。

2. 运动宜适度

运动需合理把握时间，不要一次把自己累得不行，过量的运动会透支我们的体能，并且还有可能引发相关的疾病，这样就得不偿失了。

心情不爽，就试着大声地"喊"出来

人在事业受挫、工作困难、人际关系紧张等情况下，会产生沉重的心理压力，如果不能及时排解，很容易患上抑郁症，甚至脾气也会变得暴躁不安。

晓彤所在的公司更换了部门经理，该部门不少员工都惴惴不安，晓彤尤其紧张。她来到该公司已工作了三年。三年间业绩并不突出，并且和同事关系不太融洽，部门里除了主管，谁都不愿意和她说话。新的部门经理到来后，要求员工加强合作，尽管晓彤想尽了一切办法，但仍然融入不了同事的圈子，心中极其烦恼。自小体质不是太好、经常失眠的她，几个月来几乎没有一晚能够睡好，每天上班都是昏昏沉沉的。不佳的工作状态和极差的人缘，让她感到了一种恐惧。

由于晓彤实在无法忍受，便辞职回家休养了。回家以后，她的情绪也没能得到好转。无奈之下，她只好去进行心理咨询。从心理医生那里了解到，她患上了抑郁症，每天都郁郁寡欢的，而且遇事就会冲人乱发脾气，这种状况已经持续有很长一段时间了。而造成她抑郁的根源，则是工作带给她的烦恼、同事之间无法相处的烦恼，以及担心失业的烦恼。

晓彤的状况，生活中每个人都有可能会遇到。她的抑郁多是因为坏情绪长时间得不到缓解而产生的。心理学家们研究发现，通过喊叫可以达到发泄不良情绪和振奋精神体能的目的。为此，为舒缓郁闷，很多人都会尝试"喊叫疗法"。其实，所谓喊叫疗法，就是通过急促、强烈、粗犷、无拘无束的喊叫，将内心的积郁发泄出来，从而达到精神状态和心理状态的平衡协调。

"喊叫疗法"是一种简易的调适疗法。其做法是利用假日或空闲时间到荒郊野外，无人空旷处，或仅自己一人在家时（记住！必须确认，隔音设备良好或空旷不至影响到邻居，否则易引起邻居的好奇或提出抗议）大声喊叫，将想讲、想骂、想哭、想笑的人和事尽情宣泄，过后自然神情愉快，轻松无比。

艾德琳是一家公司的中层管理人员，在工作中她总是笑容满面。她是如何做到这一点的呢？下面的一个片段能为我们揭开其中的秘密。

一天晚上，艾德琳的一位好友来探望她，好友见到她时，只见她正对着天上的飞机大声地说话，好友对她的这一举动很是不解，艾德琳解释道："我将我心中的烦恼对着飞机大声说出来，这样我的心情就会轻松很多，这是我发泄情绪的一种方式。"

朗诵诗歌和文章，也与喊叫疗法有异曲同工之妙，可以进行无害宣泄。性格刚直者，往往可以选择一些表现阳刚之气，感情激越的诗文来朗诵，以便疏导怨愤之气。性格柔弱者，则往往适宜于诵读阴柔、缠绵式的作品，以此消弭郁闷。

无论是工作还是生活中，烦恼总会伴在我们左右。如何面对烦恼？如何处理烦恼呢？

一女孩与人激烈争吵，被朋友强行带走，回到家中仍气愤难平，然而最后还是恢复了平静。问其故，答曰得益于朗诵滑稽、幽默的句子，可以消除不快。读着这样的诗句，她就觉出一身舒坦，心中的郁闷也随之涣然冰释。

无论生活上，工作上，感情上，我们多多少少会面临一些不爽，有时候压得人喘不过气来，这时你需要找个合适的地方释放一下，以期尽快化解矛盾，让自己的状态调整到最好，消除郁闷的方法有很多，除了在不影响他人的情况下将心中的郁闷大声喊出来外，你还可以尝试以下的方法：

1. 做深呼吸

当你在坏情绪中苦苦挣扎的时候，深呼吸是一种让自己冷静下来的最好的方法。慢慢地呼吸能使心率减缓，从而使人恢复平静。美国一家心理协会推荐从横膈膜进行深呼吸，而不要从胸腔进行浅呼吸。深呼吸有助于产生一种自然的放松反应。这种反应是由于呼气导致的，当你呼气时，肌肉通常会随之放松。而伴之放松的，还有人的坏情绪。一些研究者发现瑜伽也很有帮助，这也是深呼吸带来的效果。听安静的音乐以及肌肉放松练习，同样也能对平稳情绪产生一定的帮助。

2. 将心中的不快写出来

心理学家指出，写作或者写日志可以使人放慢速度，并思考如何应对出现的问题。所以，当你心情不爽时，那就将积淀在你内心的不快统统写出来，骂人也好，发泄也罢，都可以有效地平衡你的情绪。

运用"音乐"来滋润你的心灵

听音乐也是有效祛除焦虑的方法之一。一位哲人说，音乐，是化了妆的灵丹妙药，有一种可以唤醒灵魂的巨大力量。人在绝望时，一首好听的音乐可以让人振奋精神，对生活产生积极的态度；焦虑时，一首好听的音乐如温柔的手一般，可以抚平焦躁的心绪。

在工作中，当压力袭来，当我们深陷在狭小的意识之中不能自拔时，此时好的音乐则可以让我们在潜意识的宽阔空间中忘却烦躁，放弃意识对现实情况的偏执，从而解脱精神痛苦。音乐，是人类的朋友，是保养心灵的良药，是化解心灵障碍的最佳疗法。在心理学上，音乐疗法是自然疗法的一种，它可以提高大脑皮层的兴奋，改善人们的情绪，激发人的感情，振奋人的精神。同时有助于消除由于心理因素、社会现实因素造成的紧张、焦虑、忧郁、恐怖等不良的心理状态，提高应激能力。

奥菲斯有一次随阿果号出海航行，在途中遇到了美丽的尤丽狄丝，并和她结为夫妻。但是他们的恩爱生活十分短促。婚礼过后不久，尤丽狄丝与朋友在草地上嬉戏时，不幸被一条毒蛇咬伤了，蛇的毒性极强，尤丽狄斯立刻就丧了命。当时，奥菲斯十分难过，他根本无法忍受失去妻子的痛苦，于是，他就决心冒险，到冥府去将心爱的妻子带回人间。

奥菲斯一路弹着他的七弦琴，踏上了可怕的地狱之旅。七弦琴的音乐使所有的鬼神都沉醉在他的音乐之中。而当他来到冥河之时，送死人渡河的船夫对他说："你有影子，不是死人，我不可以放你过河。"

但是，当奥菲斯再次拿起七弦琴时，悲伤的琴声使船夫迷失在了他的音乐世界之中，自动送他渡过了河。就这样，奥菲斯用充满感情的七弦琴，顺利通过了通往地狱的关卡。

最后，奥菲斯见到了地狱的主宰者，并向他哀求说："冥府的主宰，请放了我的妻子尤丽狄丝好吗？我与她刚刚结婚才没几天，她就被毒蛇咬死了。如果没有妻子，我根本活不下去，还是请让她回到我身边吧！"

奥菲斯的深情与优美的琴声使地狱众臣深受感动，地狱主宰者最终将他的妻子放出。

音乐可以向人们传达丰富的情感信息，它可以撼动人的心灵，使人的心灵向善良的方面发展。同时，在日常工作和生活之中，音乐有助于释放情绪，提高自我表达能力；它还可以帮助人们减压、排忧解困；同时，还可以改善人的情绪，提高情商；可以改善人际关系以及处事的技巧；改善人的学习兴趣，提高身体的灵活性；增强人的专注能力，强化人的个性气质；加快自我成长，提升自我价值，确定人生方向，等等。

音乐可以在人的心灵中产生最为积极的因素，会使人内心的杂乱无章与其一起共振，使我们的压力在不知不觉中得以缓解。据研究，某些音乐特有的旋律与节奏具有降低血压、减慢基础代谢与呼吸速度的作用，使人在压力之下显得较为温和。

从物理方面讲，音乐可以直接在人体内产生共振效果。因为声音是一种振动，而人体本身也是由许多振动系统构成的，如心脏的跳动、胃肠的蠕动、脑波的波动等。当音乐声与体内的器官产生共振时，就会在人体内分泌出一种生理活性物质，调节人的血液流动与神经，让人充满朝气，富有活力，这都是音乐的神奇作用。

对于身体有恙的人来说，每天选择在音乐中打坐、冥想，并且同时进行康复锻炼，会改变人的精神面貌，改善不良的情绪。音乐尽管有减压之效，但是，在选用音乐时也要根据自身的实际情况选用才行，否则，就不一定能起到减压的作用了。

1. 好音乐因人而异

在生活中每个人的音乐欣赏习惯不同，生活经历中的体验也不同，因此对音乐的选用和联想的内容自然也不同。

比如，性情急躁的人可以选择听一些节奏慢、发人深思的音乐，如古典交响乐中的慢板部分等；对于悲观、消极的人则宜多听洪亮、粗犷与令人振奋的音乐。这些乐曲可以使人充满坚定的力量，使人充满信心，振奋人的精神；对于患有原发性高血压的病人，则适合听一些抒情的音乐，等等。当然了，职场人士可以根据自身的实际情况，选择能够减压的音乐。

2. 轻音乐，带你走进自然之中

在工作中，喧嚣的环境是产生压力的重要因素，所以，我们在平时的工作中应该多听些"静"音乐，可以使人在混乱、嘈杂的环境中安静下来。

每天可以抽出一定的时间聆听 10 分钟的轻音乐，让自己的心灵享受安静，可以让人心平气和地投入工作之中。

3. 让爱在音乐中变平静

爱本身就是音乐。音乐中有爱人的影子，然而在音乐中，我们的情绪会变得模糊。好听的音乐可以抹去时间，可以让一个人的思维停留在一张纸上，安安静静地平躺在上面，去思念我们的爱人。

好的音乐会让人产生好的情绪，而好的情绪可以让我们忘却内心的恐慌，会使失去的爱情和亲情停留在心中，它不会让你为爱牵肠挂肚，而是在音乐的节奏中让内心变得更为圣洁。

音乐是对心灵渴望的另一种补偿，曾经的爱人就藏在音乐中。当音乐响起，心灵就会虔诚起来，音乐中你们可以相依相随……

瑜伽：一种神奇的减压秘方

生活中，瑜伽运动也是一种神奇的舒解负面情绪、减轻压力的方法。"瑜伽"一词起源于印度，是梵文的音译。代表联结、控制、稳定、和谐、平衡、统一的意思。瑜伽训练主要采用呼吸、打坐来调节身心，改善人的体质，增强人体免疫力，有效地缓解精神压力。

瑜伽是一种身心兼修的方法，可以健美、修心、养性，可以使人的心灵与身体、精神达到高度和谐的状态。在现代社会，它不仅仅是一种运动方式，更是一种健康的生活理念和生活方式。在《瑜伽经》中这样说："对心灵的控制就是瑜伽。"由此可见，瑜伽最终调节的不在于人的身体，而在于人的精神层面。所以，我们平时可以通过瑜伽来调节我们的精神，缓解我们急躁的情绪，让我们生活在更为健康的生活方式之中，并以积极乐观的心态过好每一天。

34岁的刘容是一家著名企业的中层管理人员，脾气暴躁，还有些自负。在工作中，她时常感到自己的压力很大，经常会为这样或那样的事情焦虑不安，为工作失眠。由于脾气太坏，与周围同事的关系也很紧张。近五年来，她已经先后更换了多个工作单位。但是，工作依然很不愉快。长期的精神抑郁，使她患上了失眠和严重的肠胃病。

刘容由于十分清楚自己的病因，就想着去调节和改正，于是走进了心理咨询室。针对她的情况，心理医生建议她调整心态，利用工作之余去练练瑜伽。刚开始，她练习瑜伽是为了治疗失眠。因为平时工作压力太大，每天只要躺在床上，工作的事情就会在脑子里转，怎么也睡不着。她就买了练习瑜伽的光盘，每天晚上总要练习一会儿。一段时间后，她自己也感觉心变得平静了，晚上也不会再去想工作上那些乱七八糟的事情了，就自然能睡着了。

此外，几个月后，她的工作状态也有了好转。除了能休息好，她好像把一切事情都看开了，并且能心平气和地和同事交往了，周围同事都说她像变了个人似的。

瑜伽并非能治百病的灵丹妙药，但可以改善你的不良情绪。瑜伽能让人从烦躁不安之中，快速地安静下来。当人心平气和时，情绪就会向好的方向发展。久而久之，它就会悄悄影响人们的处事方式，不再让他们为工作上的事情而郁闷，心情也舒展开放、海阔天空。

在工作中，要让烦恼和压力不予存在，就需要适时地净化你的心灵。而瑜伽就是一项净化心灵的运动。瑜伽练习者如果将意识集中于肢体的伸展运动方面时，人体内就会产生一种让人心情愉悦的"脑内啡肽"，让人有效地释放负面情绪，并让人的正面情绪达到"身松心静"及"身心合一"的境界。同时，瑜伽的腹式呼吸法可以强化腹腔内脏，控制呼吸的快慢可以调整紧张的神经，控制人的心跳频率，最终达到缓解压力的作用。

既然瑜伽有神奇的减压功效，职场人士在压力大时，不妨尝试练习一下。当然了，下面为职场人士介绍几个具有排压作用的简单的瑜伽动作。

1. 站立祈祷式

排压作用：它可以刺激人体的胃部消化，促使横膈膜不断振动，以致人体的交感神经与副交感神经正常动作。同时也可以温暖脊柱，放松肩部、增加肩颈的柔软度，保持头脑的清晰。

动作要点：双脚并拢，双手贴于体侧。同时，掌心朝前，收腹、提臀、挺胸、压肩、收下巴。面部并保持微笑。吸气，双手合十于腹部，并缓缓向上移动至胸前。再吐气，手肘抬至与肩同高，然后双手掌进行互推。再吸气，吐气，同时双手由手肘带动向右边推，手肘以不超过肩膀为准，并保持与肩同高并做延伸，同时，头颈向左看，保持做 3 个呼吸。然后，以同样的动作，换侧重复。

2. 站立扭转三角式

排压作用：可以除去骨脏的脂肪，强化人体背部肌肉与手臂、颈部的线条，滋养脊柱。可以调整因久坐而造成的坐骨神经麻痹、疼痛，同时还可以强化脚踝机能，刺激人体腰椎血液循环，预防痛经或者是经血过多的症状，活化卵巢，滋养子宫。

动作要点：站立，双腿分开要大于髋宽。吐气，双脚跟开始慢慢往外移，同时保持脚侧边为直线。吸气，微微蹲坐并保持与背部成一条直线。再吐气，屈髋，臀往后坐延伸。同时手肘与肩背部要保持一线，头与尾椎也要保持一线。下巴微扣，眼睛凝视前方，面部保持微笑。再吸气，双臂贴靠双膝内侧，再吐气，吸气，左手慢慢地放于腰部，右手要保持在右膝内侧。再吐气，转腰，肩保持下压，同时要协助肩膀向后做原地扭转运动。同时，脖子要往后转。吸气，左手臂抬起后并保持与肩同高，眼睛向拇指方向看去，呼吸最好保持在五次以内。

3. 大树式

排压作用：锻炼身体的平衡感，放松精神并能保持平和的状态，可以增强自信心，强化人体的骨骼，预防骨质疏松，活化内脏。

动作要点：双手贴于体侧。同时，掌心朝前，收腹、提臀、挺胸、压肩、收下巴。面部保持微笑。吐气，双手慢慢置于髋部，右脚贴紧地面，脚尖向前保持平稳。吸气，左脚慢慢地抬起靠在右脚膝盖内侧，双手合十于胸前。如此保持四次呼吸。

对于以上的三个动作，处于焦虑中的人可以利用工作休息之余练习一下，可以有效地调节生理平衡和心理压力。

SPA：一种时尚的身心"排毒"良方

SPA 也是一种非常神奇的舒缓负面情绪、减压的妙方。在现代社会，它不仅是一种美容方式，还是一种身心"排毒"的良方，可以治疗人在生理和心理方面的疾病。它可以消炎、抑菌、活血脉、消除疲劳等，还可以缓解人的精神紧张，消除烦恼、焦虑等。

SPA 主要是指人们利用天然的水资源，并结合沐浴、按摩和香薰来促进人体的新陈代谢，利用疗效音乐、天然的花草薰香味、美妙的自然景观、健康的饮食、轻微的按摩呵护与人内心的放松来分别满足人的听觉、嗅觉、视觉、味觉、触觉与冥想六种愉悦感官的基本需求，使人达到一种身心畅快的享受。SPA 除了能通过基本的皮肤洁净与身体按摩外，更强调人与周围环境的互动与契合。它主要涵盖四大精神：营养、身体的运动、心灵的释放、全身的保养与调理。

在现代社会，尤其对白领女性而言，SPA 不仅是一种时尚的美容方式，更是一种时尚的缓解精神压力的妙方。

齐芳是海归一族，目前是北京一家著名的私企高层管理人员，平时工作压力很大，时常感到疲倦。她的薪水很高，但是超负荷的体力与精力支出让她背负巨大的精神压力。

有时候，齐芳也会与同事们一起打球、下棋、游泳等，但是她觉得这些运动项目需要很多人参与才有意思。后来，随着压力的不断增大，她也尝试了很多其他的减压方式，但都没有收到好的效果。每天的工作时间又很长，她需要的是一种能从体力与精神上双重放松的减压方式。

有一次在欧洲旅行之时，听朋友说 SPA 在那里非常受人欢迎，而且那里的 SPA 种类又别具一格，所以就与朋友一同去尝试了一下。刚进 SPA 会所，齐芳就被其中美妙的氛围所陶醉：轻音曼妙、天然的花草香袅袅地升腾在雅致空间里，她能够感受到水滴、花瓣、绿叶、泥土的亲抚，呼吸着来自自然森林原野的植物所散发出的清新气息，一切好像都归于了平静。她感受着美疗师温柔手法的呵护，思绪犹如天空中飞翔的鸟儿般自在，一切烦忧尽消。

当她步出 SPA 会所时，一日的倦容早已消失殆尽，精神格外的轻松。后来回国后，她就为此着迷了，这成为她的主要减压方式。

有人将 SPA 称为一座补充能源的"身心美容充电站"。随着时代的不断发展，人们赋予了 SPA 更新的方式和更丰富的内涵。现代 SPA 主要融合了传统按摩与现代高科技的水疗法，已经成为现代都市人回归自然、消除工作压力，集休闲、美容于一体的时尚健康生活理念，配合着五感疗法，无论是舒缓按摩、美容还是温泉水疗，但凡与缓解压力、舒缓身心有关的活动，都可以称之为 SPA。

现代 SPA 的方式是多种多样的，职场人士可以完全在家享受。下面为都市人介绍几种可以消乏减压的家庭式 SPA 方式。

1. 中草药浴盐 SPA

魔力功效：主要能除菌、消炎、解乏减压，增强足部的底气。如果你是个户外工作者，比如摄影记者、市场调研人员，或者销售人员，长时间在外站立奔走，容易因体力疲惫而感到心烦气躁，而中草药浴盐 SPA 可以通过补充人体脚部的精气使人充满精神，舒缓压力。

配兑方式：适量的当归，可以活血通络，解除体内的郁气；肉桂则可以温肾助阳，消除人体腰部的疲劳；藏红花有止痛效果，是极好的足疗原料，可以补充足部精气，达到消除疲劳的作用。将这些中草药配好后，双脚浸泡其中约半个小时。同时，双脚要互相摩擦，或者你可以用五指穿插在脚趾中间，并用力向外拉伸脚趾，就可以起到十分好的舒缓压力的效果。

2. 温泉浴盐 SPA

魔力功效：主要能够解除腰颈的酸乏，它可以通过舒络人的筋骨，增加人体的血液循环，极好地解决白领人士心理亚健康的生理或心理问题。

温泉浴盐中主要含有镁盐、钙铁盐、锌盐等多种矿物质成分，如果你睡眠不好，容易疲劳，经常感到心烦气躁、焦虑、精神紧张等，温泉浴盐便可以使你的这些问题得到舒缓。

配兑方式：根据水量将温泉浴盐放入洗澡水中溶解，并且边放边搅动。可以将水温调到 38～40℃，因为人体最喜欢这个温度。在这个温度下，也可以使浴盐的功效发挥到极致。

在泡浴之前，先用淋浴将身体洗干净，这样，就可以帮助你的身体更好地适应水温。泡浴时间一般在 20～30 分钟为宜。在浸浴时，你可以将手扶在浴缸边上，腰背慢慢地向后面仰，反复呼吸，可以帮助你有效地减除腰背肩酸之苦。呼吸时，你的每个毛孔都好像也在呼吸，可以有效地排除内心的烦躁，缓舒心理紧张、焦虑等不良情绪。

温泉本身的矿物质也会透过表皮渗入身体皮肤内，能够起到十分好的美肤作用，特别适合现代白领人士。

以上两种简单的家庭 SPA 水疗方法，职场人士可以尝试。但是在做 SPA 水疗时还要注意几点：如果你有严重的心脏病或者癫痫病，不可做水疗；高血压患者做水疗时，水温必须要低一些；低血压患者久泡后，起身时应该特别注意安全；身上有开放性损伤，女性在月经期或者怀孕之时，最好避免做水疗。

静默冥想：平抚情绪，"修复"疲惫的心灵

一位探险家，到南非洲的丛林中寻求古代文明的遗迹。为了赶路，他雇佣了当地人作为向导及挑夫，一行人浩浩荡荡地向丛林的深处走去。那群土著人的脚力过人，尽管他们背负着行李，仍旧是健步如飞。在整个队伍的行进过程中，总是探险家先喊着要休息，让土著民众们停下来等他。

一连行进了三天，探险家虽然体力跟不上，但是希望能够早一点到达目的地，于是硬撑着跟着队伍行进。到了第四天，探险家一觉醒来，

便立即催促挑夫打点行李，赶快向前。不料那些土著人竟然拒绝行动，这令探险家很是恼怒。

经过仔细地打探，他了解到这群土著人自古以来便流传着一项神秘的习俗：在赶路时，皆会竭尽所能地拼命向前冲，但每走上三天，便需要休息一天。探险家对于这项习俗很是好奇。对此，当地的土著人告诉他说："这种休息方式是为了让我们的灵魂，能够追得上我们赶了三天路的疲惫身体。"

探险家听罢此话，心中若有所悟。他沉思良久，终于展颜微笑，认为这是这次旅途中最好的一项收获。

探险家的经历告诉我们，凡事都应全力以赴，让自己行动起来时，浑身充满了无比的冲动，使得灵魂几乎也跟不上这样的动作，这的确是真正用心做事时，最美好的境界。但是该休息时，就应该完全地放松自我，让疲惫的身心获得完整的复原机会，好让灵魂追得上充满干劲的步调，这也是驱赶焦虑的有效良方。

加尔文说："只要我们能够静下来，并且保持静默，我们生活中的五分之一的烦恼都会不见了。我十分相信，安静是我人生最难学的功课，我们总是在不知不觉中掉入整天团团慌扰的状态中。不要让自己陷入忙碌的陷阱，忙碌只不过是死神折磨人的伎俩，它能让我们在无尽的忙乱中消耗掉宝贵的生命，有时还会混淆了人生的方向。"不可否认，随着现代生活节奏的加快，"忙碌"已成为现代人生活的代名词，在不断地与时间的追逐中，你的心灵是否已经慌乱不堪，不知所措？这个时候，我们就需要通过冥想让心灵静下来，重新去感受生活的意义。西方著名的冥想教练列克·汉斯博士说："在忙乱中的人通过冥想可以让自己褪去因为闲下来而产生的莫名的罪恶感。"可见冥想对修复疲惫身心的力量有多大。所以，当你在忙碌中感到焦虑或恐慌不安时，那就闭上眼睛学着去冥想。刚开始你的情绪可能会剧烈地起伏不定，但是只要按照以下的冥想步骤去做，你一定会慢慢地平静下来：

1. 准备阶段：平抚心情

找一个安静的地方，坐在靠背椅子上面，挺直你的腰板，双脚分开，与肩等宽，并且自然垂于地面，眼睛半睁半闭，视线落在前方1米左右的地方，口中默念"心平气和"四个字，慢慢地你就能让心灵从慌乱的状态中平静下来了。

2. 第一阶段：重感训练

这一阶段着重训练你的"重感"，以让身体达到轻松的状态。所谓的"重感"即是感觉到有一种重量。感觉重量的地方是双手双脚，先手后脚，比如有节奏地默念道："左手重——右手重——左脚重——右脚重"。节奏要迟缓，要缓慢平稳，这样你的手脚就能感受到沉重，想抬都抬不起来，反复训练几次后，身体就会感到放松。

3. 第二阶段：温感训练

所谓"温感"即让身体感受到温度。依上述的训练，在心中反复默念："手脚温暖——手脚温暖"，于是，你的手脚慢慢地就会产生温暖的感觉。这样的感觉，会有效地促使体内的血液循环顺畅，使全身都充满氧气，同时驱动体内分泌松弛因子，从而使全身达到放松温暖的感觉。

4. 第三阶段：心脏训练

心脏跳动节奏的平稳度决定了一个人情绪的波动状况。所以，在冥想中也要注重心脏跳动节奏的调节。因为人心脏的跳动是不以人的意志为转移的，所以在冥想中通过默念"心脏跳动平稳均匀"，来对心脏施加一些影响，促使心脏的节奏跳动均匀，从而使情绪得到平抚。

5. 第四阶段：呼吸训练

通过调整呼吸也可以使人的情绪得到平抚，所以，有意识地对你的呼吸施加影响，可以促使血管扩张，加快血液中荷尔蒙的产生与流速，从而使人体产生愉悦的感觉。

6. 第五阶段：腹部训练

此阶段的训练目的是调节肠胃、肝脏、胰腺等内在功能，从而获得身心的松弛。在这个阶段训练时，我们可以默念"肚子暖和"等暗示语，促进体内的肠道慢慢蠕动，从而使整个身心放松。

7. 第六阶段：额部凉感训练

古代医学界常有"头寒脚热"的说法，所以，让面部和头部感觉凉爽对身体是十分有益的。做这个训练时，你可以默念"头部凉爽舒适"，慢慢地，你的额头就会产生凉爽感。

以上的冥想步骤可以使人在短时间内身心恢复平静，长期坚持，会让你受益无穷。

意义冥想：让你重新找回生活的激情

许多人在工作的初期，都是有理想、目标和追求的。虽然未来的道路很漫长，但是有明确的方向，也有了十足的工作动力。随着时间的推移，当自己梦寐以求的东西陆续到手的时候，就会突然感觉前面的道路变得迷茫了，完全不知道自己今后的工作和生活是为了什么。于是，只是机械地开始整日整夜地加班、熬夜，把自己搞到身心俱疲、焦虑不安，始终都搞不明白自己做这一切是为了什么，自己究竟是为何而活的，觉得自己的生命已经枯竭了。

如何才能重新找寻到工作的意义，从而从根本上祛除内心的焦虑情绪呢？针对这样的心理，维也纳罗斯医学博士弗兰克尔开创了意义治疗法。意义疗法是一种在治疗策略上着重引导就诊者寻找和发现生命的意义，帮助消极的人树立明确的生活目标，并最终让他们以积极向上的态度来面对和驾驭生活的心理治疗方法。这种心理疗法可以让人们懂得"为何而活"，然后去迎接"任何困难"，从此走上追求生命意义的人生道路，并从中体验到真正的人生幸福。意义疗法的发明者弗兰克尔本身就是意义疗法的最大受益者。

"二战"开始后，身为犹太人的弗兰克尔拒绝了美国为他签发的移民签证。后来，他就被纳粹党送进了集中营。在那段艰苦的岁月中，他失去了父母、兄弟、妻子，只有他的妹妹与他一起活了下来。当时他一无所有，他只有一条生命，在漫长的、毫无意义的日子中残喘。

在那段时间中，他的心情极其低落，觉得或许死亡才可以使自己获得解脱。就在这个时候，激发了他要开创意义疗法的灵感。他之所以能够活下来，也就是因为当时他已经开始思考和总结意义疗法的框架。

当时，弗兰克尔在集中营的主要工作就是不停地挖地沟和隧道，单调而又乏味。他经常在寒冷的冬天穿着十分单薄的衣服御寒。当时，他自己认为自己除了"赤裸裸的生命之外，已经没有任何东西能丧失了"。那时候只有"服从生活的命令"，这样的生活从另一方面又警示了弗兰克尔，意义的答案不止一个，每个人都需要找到一个特殊的理由生存下去。比如有些人可以为了保持尊严去忍受痛苦，有些人在绝望中还相信生活依旧对他们有所期待，有些人为了亲友的爱而继续活下去……

从集中营回国时，他有了这样的认识：人在任何情况下，都有选择他们行动的能力。在一切情况下包括在痛苦和面临死亡之时，都能够发现生活的意义。在人的人格动机体系中，起支配地位的是意义与意志，它对人的心理健康起着十分重要的作用。这是意义疗法的核心内容。

尽管弗兰克尔没有告诉我们用什么样的方法去发现生命意义在何

处，却对什么是意义，怎么找到它们提出了一些指导。他认为活得有意义是人生活的基本动力，并具有以下四个特征：

1. 对自认为有意义的目标的努力。

2. 它是可能完成的，并且是可行的目标或行动。

3. 一个以自我为中心的人为他人付出得越多，他可能获得的就越多。

4. 意义感在人的一生中能够改变或改进。

在工作中的每一天，每个人都有机会了解到不同人的人生方向与目标。如一个公务员可能投身于救助和照看流浪动物的行动中去，致力于把这个世界变得更好；一个商人，可能在商业方面获得了巨大成功，但心里却藏着一直想成为一个艺术家的梦。每个人都在用自己的方式，寻找着属于自己的人生意义。找到人生的意义是人生的一项巨大挑战，同时也是一种最大的满足。而意义疗法就是在人们绝望之时，转变人的观念，让他们找到属于自己的生活或生存意义的基本方法。它主要包括以下几个方面：

1. 如何看待自己的工作

你在从事什么样的工作？做到了哪个职位？对于自己正在从事的这份工作，又是如何看待的？对一个人来说，可能已经对自己的工作失去了兴趣和新鲜感，甚至开始厌倦和反感了，或者已经觉得心力交瘁，没有任何成就感了。

其实，从事什么工作并不重要，重要的是如何从事这项工作，对工作怀有何种态度。只有积极的、有创造性的、有责任感的态度，才能赋予工作意义。而对有些人来说，工作已经成了填补他们空虚生活与无意义感的手段。若以这样的态度对待工作，那么每个周末来临时，无目的、无意义的生活状态就会袭上心头。然而，工作并不是发现生命意义的唯一途径，我们可以保持内心的自由，从困境中发掘出我们为战胜工作难题的存在意义。

2. 如何看待爱情

弗兰克尔将两性之间的关系分为三个层次：生理的、心理的、精神的，这三者分别对应着性、情和爱。

生活中，很多人只顾单恋带来的紧张，或不相信爱的存在，因而回避一切爱的机会，将两性关系降到较低的层次。对于这些人，意义疗法采取的方法是：引导他们学会并乐于接受九苦一甜的爱，并让他们学会承担爱情带来的责任。

对于一直单身，没有找到对象的人来说，意义疗法的作用是让其明白，爱情的本质不是索取，而是通过付出得到一种幸福的体验。体验爱情的幸福，才是爱情的意义所在。

对于失恋者来说，意义疗法的作用是：让其懂得获得爱情不是占有对方，而是看着被爱的人幸福。让被爱的人幸福，获得他（她）想要的幸福，我们的爱才会不受束缚，才能自由飞翔，才会天长地久。

3. 如何看待生活苦难

苦难中，人们可以得到一个机会去实现最深的意义与最高的价值——态度的价值。因为正视命运所带来的痛苦，本身就是一种进取，而且是人所具有的最高层次的精神进取。

苦难可以使人远离冷漠与无聊，使人变得更为积极，从而成长与成熟。当然，只有在痛苦是不可避免的时候，忍受痛苦才具有巨大的价值。

从某种意义上说，当发现一种受难的意义，如牺牲的意义时，受难就不再是受难了。否则，苦难就不能称其为苦难，忍受也没有什么意义。

最后，需要注意的是，我们不应该总去追问生命的意义是什么，而应当负起生命中的任务所赋予的责任，在完成这一使命的过程中，生命的意义将逐渐地呈现。

如果一个人只以快乐和幸福为目标时，就常会找不到快乐和幸福；而放弃这一狭隘目标，全身心投入生活时，快乐和幸福反而来了。

切断"自我"与"烦恼"之间的关系

生活中，你是否总因为别人的一句难听的话而烦恼？你是否只愿意诉说而不愿意倾听，在别人打断你谈话的时候感到难以忍受？是否会因为自己的固执而与别人发生意见方面的冲突？……其实，这些情绪的产生，主要在于太过执着于"我"。对此，我们可以尝试一下"忘我冥想法"。在做这个冥想训练的时候，你要尽力降低内心"我"的感觉。当你真正地摆脱自我，与这个世界联系在一起时，你就能更为平和地看待周围所发生的一切，不会欢悦，亦不会忧伤，这样就能切断"自我"与烦恼的联系了。

对此，你可以尝试这样的训练：

1. 学着去解读自己

生活中，我们对自我的情绪其实一直都是有喜好，有要求的：希望快乐能永驻，烦恼、焦虑远离，最好永远别登门才好。高兴的时候，我们是如此的喜欢与赞赏自己！而痛苦、忧伤的时候我们又是如此地厌烦自己。你从来没有无条件地理解过自己，又如何去奢望别人能理解你呢？所以你看自己不好时，也会看别人不顺眼，所以，冲突和焦虑便来了。要想内心恢复平静，就要学着运用冥想法去解读自己。你可以尝试这样的练习：

找一个安静地方坐下，闭上眼睛，仅仅作为一个观察者，不带有任何评判，纯然地去观察你的情绪和思维。让思维像放电影一样在你的脑海里流过，你一直像个局外人一样，只在那里看着它，感受它就行，没有好坏对错的评价。在里面待着，仔细看看痛苦具体是什么样的，痛苦时你的身体有什么样的反应。你哪儿最不舒服，就首先观察和感受身体的哪个部位，仔细体会这个不舒服（或疼痛）的感觉。沉静下去，细细地体会你全身每一寸肌肤、每一个细胞的感觉。

坚持做下去，你的灵魂就会相信，不管你现在是怎样的状态，你对自己的爱始终在那里，不多不少，不增不减。

2. 跳出自己的角色去观察对方

找个幽静的地方坐下，努力跳出自己所处的角色：你是无任何身份的观察者，然后再试着去与人进行接触，你会发现不管是社会地位比你高或比你低的人，某种技能比你好或比你差的人，你和他都是平等的。当你以旁观者的眼光去评判某件事的时候，你会发现对方身上有诸多你以前从未察觉的好品质，这时你的心情便能释然了。

可以试试下面的想象冥想：

在你和上司（或老板）说话时，看着他的眼睛，心里想象自己不再是他的下属或员工，你是一个和他没有任何关系的人，你头脑里没有任何可认同的身份，你心里不再有惧怕他、想要讨好他的感觉，只是纯然地去看着他的眼睛，听他说话，观察他的表情，任由你本能的情感和动作流出，说你想要对他说的话。你会发现，其实你的上司或老板是一个挺有魅力的人。于是，你与他的种种不快也便会消失了。以此类推，你也可以对身边的亲戚朋友做这个练习。你的人际关系会有一个良好的改善，你也不再会因为与他人发生冲突而郁郁寡欢了。

静心即冥想：随时静下来为你的心灵"排排毒"

很多人在一起打坐，教练给大家提出了这样一个问题："你有没有什么与众不同的地方？"大家对教练突然间的问话答不出来。所以只有默不作声。

又过了一会儿，有一个人回答说："我知道。"

教练问道："那是什么呢？"

那人答道："我觉得饿的时候就吃饭，困的时候就睡觉。"

这算什么与众不同的地方，每个人都是这样的，有什么区别呢？其他人都开始争先恐后地说。

那人继续答道："当然是不一样的！别人吃饭的时候总是想着别的事情，不专心吃饭，睡觉的时候也总是做噩梦，睡得不安稳。而我吃饭就是吃饭，什么也不想，睡觉的时候从不做噩梦，所以我睡得安稳。这就是我与众不同的地方。"

那个人的一番话说出了一个极简单的道理：当一个人专注于某件事情时，忧愁和焦虑便难以来打扰。其实，这便是冥想的真谛：专注于内在的"自我"，感受其中的美好，将自我与外界痛苦隔离。这也从另一方面告诉我们，生活中随时随地的静心便是一种冥想，也是心灵的排毒工作。

其实，冥想本身，可以与放松、静心结合使用，也可以单独使用。如果把我们原始的生命能量比喻为马，我们就是骑手。要驾驭好一匹好马，骑手首先要做的，是了解马，与马交朋友，最后才可以驾驭它，让它和自己一起自由驰骋。冥想也是同样的道理。

在缺乏训练和指导的情况下，我们往往是最拙劣的骑手，不但不能驾驭好马，弄不好还会被马摔下来。这个时候，我们会感觉到内心有冲突，力不从心，会骂自己是笨蛋。另外一种情况是，我们不仅不能指挥马，相反会被马指挥，任由马载着自己四处乱窜，还自我安慰说这叫"顺其自然"。

冥想就好比我们首先让马安静下来，愿意听我们的指挥，接下来的冥想，就是驯服马匹的工作。

积极有效的冥想，要求我们能够非常投入，非常高度地集中精力，忘我地去想象一个场景、一个物体或一个人。如果没有放松和静心的基础，我们的投入会很有限，注意力也很容易被分散，效果就大打折扣，反之，则会有神奇的功效。

内在的平静，是我们生活的根基，是生命品质的升华。内心缺乏平静的人，很容易被事情和人所左右，犹如一片激流中的树叶，随波逐流漂浮不定。获得了内在的平静后，我们就变成了波涛中的礁石，任由惊涛骇浪，我自岿然不动，这是一种高境界的冥想。冥想就是如此简单，任何人在任何地方都可以操作的训练。所以，生活中，当你被忙碌驱使的时候，当你感到力不从心的时候，学着让自己的心静下来吧：抽出一小时，什么也不做。当然前提是，你一定要找一个清静的地方，否则如果遇到了熟人，你一定不可避免地会像往常那样与对方漫无边际地聊起来。也许刚开始的时候，你会觉得心慌意乱，因为还有那么多事情等着你去干，你会想如果是工作的话，早就把明天的计划拟定好了，这样干坐着，分明就是在浪费时间。但是，你必须要将这些念头从你的大脑中赶走，坚持下去，渐渐地你就会发现，整个人都轻松多了。你会体会到这一个小时的时间是如此地惬意，然后再做起工作来，不再会像以前那么手忙脚乱了，你可以很从容地去处理各种事务，不再有逼迫感。当然，你可以慢慢地逐渐地延长空闲的时间，每天两个小时，三个小时。一旦养成了习惯，你的生活将得到很大改善，你就会从那种时刻都紧张的情绪中解脱出来，使头脑得到彻底的净化。

尝试"森田疗法"来扫除你的焦虑感

　　要祛除焦虑、平衡情绪，森田疗法是我们该尝试的一种方法。森田疗法是一种顺其自然的心理治疗方法，该方法主要适用于由压力带来的焦虑症、恐惧症、强迫症、疑难症、神经症性的睡眠障碍等症状。

　　作为森田疗法的创始人森田正马教授个人认为，有焦虑症、恐惧症、强迫症、神经症性的睡眠障碍等症状的人常常对自身身体与心理方面的不适感极为敏感，他们的内省力很强，且很担心自己的身体健康。他们常将一些正常的生理变化误认为是病态，过分地关注自己与周围的事情，所以常使自己陷入焦虑之中。这些人如果能够顺其自然地接受与服从事物运行的客观法则，正视自身的消极体验，客观地接受各种症状的出现，将心思放在应该做的事情上，这样他们的心理动机冲突就可能要排除，痛苦也就自然能够减轻。

　　森田正马曾经对自己的这种心理疗法有深刻的体会。

　　森田正马出生在日本一个农民家庭。小时候，他是一个十分聪明的孩子，当地人都称他为"神童"。然而由于父母对之要求过严，使他一度厌恶上学，以致在学校的成绩平平。他天生敏感，在 10 岁的时候因看到寺庙中色彩斑斓的地狱绘图，就经常产生对死亡的恐惧感，夜间常常会难以入眠，也常被噩梦惊醒。由于天生敏感，在 25 岁的时候，他被诊断为神经衰弱症。对此，他非常苦恼，因为当时刚好他要参加假前考试，如果考不过的话，就必须补考。

　　当时亲友们都劝他参加考试为妥，但是父亲当时也有两个月没给自己寄学费了。森田正马对父亲的这种缺乏人情味的行为极为愤慨，并由此放弃了去治病的想法。父亲的行为确实也激怒了他，他认为没有亲人在乎他，不就是个死吗，有什么好害怕的，但是在死前胡乱参加完考试也不碍事的。这样的想法，使他收到了意外，他的神经衰弱症不仅没有恶化，同时他也考出了非常好的成绩，在229人中，他考到了25名。

对此，森田正马有这样的描述："曾有两件事情使我的精神修养发生了大的转机，一是在太多的关注体验下参与考试，二者就是高中的时候，某夜因为饮酒之后被友人砍伤之事。"自那次考试之后，森田正马方的头痛消失了，神经症也好转了。

森田正马在神经衰弱的情况下，没有过多地专注于自己的疾病，顺其自然地参加考试，因而考出了出乎意料的好成绩。如果他总在抱怨父亲的无情，疾病的痛苦，那么，只能是自找苦吃。

人本身也存在一定的自然规律，如情绪，是我们对事情本身的自然流露，本身有一套从发生到消退的程序。如果你接受它，遵循它，它很快就可以走完自己的程序，反之则不然。顺其自然就是不要去在意那些有"自然规律"的情绪或者念头。当情绪来的时候，我们需将自己的注意力放在客观的现实之中，该工作时就去工作，该学习时就去学习，该聊天就去聊天，即去做自己应该去做的事情。也许刚开始的时候，我们会感到痛苦，但是只要自己相信它们迟早会自然地消失的，并努力地做好自己该做的事情，那么，这种杂念、情绪就会在我们认真做的过程中不知不觉地消失了。

森田疗法采取的治疗方式主要包括卧床疗法与日记疗法。

1. 卧床疗法

卧床疗法是森田疗法中最具特点的疗法，主要采用住院的方式。在开始的一段治疗过程中，除了吃饭、洗脸以及上厕所外，不允许患者离开床，连读书、看电视、听收音机等都要被禁止，除了查病房的医生以外，不允许其与任何人说话，只准患者躺着想自己的苦恼与痛苦的经历。

通过此种方式可以压抑人们与生俱来的力量，也可以称之为"生的欲望"来发现生命力的存在，体验那种即使有苦恼的事情也毫不在乎的感受，并去除外界的种种刺激，消除苦恼和痛苦。

2. 日记疗法

森田疗法都要求患者记日记，可以将患者写着每天行动内容的日记拿给治疗者看，同时要将笔记本的三分之一区域空出来供治疗者用红笔做批注。比如：患者在日记中写道："今天我因为担心心脏不舒服，不工作了，需要休息！"医生会批注："不可逃避，不要去理会不安的心情，要继续工作。"或者写道："恐惧突然来临了，回避的话，你将会越来越痛苦。"通过写日记，治疗者可以掌握患者日常生活的具体情况，再将它导入到治疗中去，也可以让治疗者去具体指导患者的行为，帮助患者树立以情绪为中心的心理状态转变为以行动为中心的处事态度。

在日常生活中，一些患者也怕麻烦或者过于忙碌，拒绝去写日记，想省掉日后给医生看的麻烦，甚至想敷衍了事，这是十分不恰当的做法，采用正确的方法才可以让你尽早脱离疾病的苦恼。

尝试暗示冥想：重建你的潜意识

一位心理学家说："我们的一生好比是一艘漂浮在海面上的小船，我们都在努力奋进，让自己生活得更美好，可是，有很多人都没有意识到，我们不仅是漂浮在海面上，更是漂浮在一片巨大的洋流上，如果你意识不到这一点，即使你再努力，也可能会偏离方向。"这说的就是潜意识的作用。潜意识不仅能决定人生的航向，更能有效地调控和平衡人的情绪。

生活中，潜意识的作用已被人们所接受，比如明天要参加一个会议，你告诉自己明天早上要早点醒来，千万别迟到。第二天早上，闹钟还未响，你便能醒来。在此之前，你向来可以一觉睡到大天亮的。这就是"千万别迟到"这种念头在无意中起了暗示作用，然后通过自律神经系统来控制你的睡眠，这种现象反复强化，便能建立一套条件反射，通过身体的反应自由地控制你的睡眠和苏醒，这一过程也是冥想的过程。生活中，它也可以用这个方法来祛除人的负面情绪。

一位以写悲剧而著称的作家，曾经十分沮丧地对心理医生说："我一生中所经历的每件事情，都是一个悲剧。我失去了健康、财富、亲人和爱人。每一件事情一旦碰到我，就一定会出现这样或那样的问题。"

心理学家耐心地对他说："首先，你要将你的悲剧故事与生活彻底分离开来。在你心中，你该建立一个大前提，那便是你的潜意识的无限智慧会引导你，让你在精神、心智以及物质等各个方面，都向着美好的方向发展。然后，你积极的心态就会自动在你投资、健康等各个方面给予睿智的指导，让你恢复心灵的平和与宁静。"

这位作家接纳了心理医生的建议，开始对自己的生活进行重新规划。每写完一个悲剧故事后，他都会将"自我"从故事中抽离出来。然后，他会在本子中写道："潜意识会给我无穷的智慧，让我拥有完美、健康和富足的生活。正确行动的原则和潜意识的力量，将改变我的全部生活，我知道我的大前提是置于生命的永恒真理之上的，而且我知道，并且相信我的潜意识，会因为我的想法给我带来十全十美的答案。"

之后，这位作家主动告诉心理医生："这种方法真的很奏效，这些话，真的潜入到我的潜意识中去了，并让我的生活有了极大的改变。"

如今，这位作家已经从焦虑和痛苦中解脱出来，拥有了令自己满意的健康、财富以及快乐的生活，而这一切都是潜意识所带给他的。

可见，暗示冥想法对情绪的调节和平衡作用，也是潜意识的作用，它能有效地调节我们的情绪。因此，在我们心情糟糕时，千万不要对自己说"生活太艰难、烦恼真多"等消极的暗示语，这样你就等于拒绝了潜意识对自我的调节作用，那你的心情肯定会越来越糟糕。

心理学家指出，潜意识不会与你争辩，也不会反驳你，如果你将消极的想法传输给你的潜意识，你的潜意识便会根据这些想法产生相应的反应，而这样的结果就是在阻挡你自己走向更好的方向，你的生活也会变得更糟糕。如果你想实现自己的愿望，你就要向你的潜意识提出正确的要求，获得它的合作和帮助。潜意识有它自己的心智，但它会接纳你的想法和意念。其实，潜意识对人的情绪起调控作用的过程，就是暗示冥想的过程。生活中，当你处于焦虑状态时，就要学着用这种方法来调控你的情绪。当然运用这种方法，必须讲究放松技巧，依照命令放松你身上的每块肌肉，一般的方法是从脚尖开始的：

1. 放松右脚的脚趾尖，然后脚踝、膝盖、大腿、肠、心脏、肺、颈部，这一部分肌肉放松之后，换左脚。

2. 放松右手指尖，依次为手腕、手肘、肩部，所有的肌肉放松之后，换左手。

3. 然后是下巴、鼻子、耳朵、眼睛，也依照这个顺序放松。

这一放松练习在反复多次之后，就能自如进行，全部过程只需要30秒的时间，随时随地都可以做，如上下班、饭前饭后、睡前睡后，都可以练习。